GEORG GERSTER

FLUGBILDER

133 aus der Luft gegriffene Fundsachen

Birkhäuser Verlag
Basel · Boston · Stuttgart

Alle Aufnahmen zu diesem Band stammen vom Verfasser

CIP-Kurztitelaufnahme der Deutschen Bibliothek

Gerster, Georg:
Flugbilder : 133 aus d. Luft gegriffene Fundsachen /
Georg Gerster. – Basel ; Boston ; Stuttgart :
Birkhäuser, 1985.
ISBN 3-7643-1697-7

Birkhäuser Verlag, Basel · Boston · Stuttgart

Gestaltung: Bruckmann & Partner, NADA
Printed in Yugoslavia
ISBN 3-7643-1697-7

In diesem Buch breite ich meine aufregendsten, in zwanzig Jahren flugfotografischer Leidenschaft gesammelten Fundsachen aus. Deren dreiundvierzig habe ich bei meinen früher erschienenen Flugbildbänden DER MENSCH AUF SEINER ERDE und BROT UND SALZ geborgt; sie sind bereits so etwas wie Klassiker ihres Genres, ich wollte sie daher in dieser Auswahl nicht missen. Neunzig Flugbilder sind neu.
Ich habe darauf verzichtet, die Bilder unter einem übergreifenden Thema vorzuführen; es sei denn, man lasse das Flugbild an und für sich – als ein Werkzeug des Nachdenkens über unsere Erde – für das Thema gelten. Mit Ausnahme der doppelseitig wiedergegebenen Aufnahmen stehen stets zwei Bilder nebeneinander. Das Sinistre neben dem Heiteren. Heißes neben Kaltem. Zerstörerisches neben Aufbauendem. Beruhigendes neben Empörendem. Verspieltes neben Strengem. Problematisches neben Unproblematischem. Die Erwartung ist, daß aus beziehungslosem Nebeneinander gespanntes Gegenüber wird – daß die Bildpaare in der Konfrontation ihr jeweiliges Thema selber finden. Die Bilder erhellen sich gegenseitig, sie schmeicheln sich formal, sie antworten dem Gegenüber, manchmal polemisch, hie und da auch ironisch. Herabwürdigung ist nicht beabsichtigt. Ich entschuldige mich bei den Kamelen, die auf Bild 79 cool durchs iranische Hochland pendeln, für die Zumutung, daß sie die Doppelseite mit kurzatmigen, abgehetzten Skimarathonläufern teilen müssen.
Es liegt mir fern, für die Bildpaare Begründungen nachzureichen. Natürlich könnte man etwa in dem Fall des Tandems Bern-Fès (88/89) darüber philosophieren, wie abweichend, aber dabei gleich köstlich, städtebauliche Lösungen für ein und dieselbe Aufgabe, wohnendes Beieinander, sein können – aber ich hüte mich, zu zerreden, was augenfällig ist. Dagegen habe ich keine Mühe gescheut, etwaige Bilderrätsel in den begleitenden Beschreibungen zu lösen, oder wenigstens die Informationen zum dinglichen Verständnis einer Fundsache bereitzustellen. Ich sehe meine besten Flugbilder als Starthilfen für Gedankenflüge – und ein seriöser Flieger wird erst abheben, wenn er am Boden seine Hausaufgaben gemacht hat. Das schließt nicht aus, daß mitunter die Gedanken den beschwerenden Erläuterungen davon- und vorausfliegen, warum auch nicht; umso erfreulicher ist es, wenn sie zuguterletzt, Sachauskunft suchend, doch noch bei dem nüchternen Wo – Wie – Was – Wozu landen. Doppelt erfreulich, wenn sich das Fundstück aus der Gedankensuche am Ende sogar noch mit der flugfotografischen Fundsache deckt. Betrachter, die zum Beispiel das Bild 1 zu schmutzigen Gedanken anregt, brauchen sich wirklich nicht zu schämen; das Bild handelt ja, wie sie der zugehörigen Beschreibung entnehmen mögen, wirklich von Schmutz …
Ich wünsche Flüge voller Überraschungen.

FUNDSACHEN

Als Flugfotograf suche ich, was ich nicht verloren habe, und finde, was ich nicht suche. Wenn ich es recht bedenke, gehe ich also einer ebenso unregelmäßigen wie ungeregelten Tätigkeit nach. Erfinden gilt hierzulande mehr als Finden; die deutsche Sprache bietet ja nicht einmal ein Wort an, um meine berufliche Blöße wenigstens notdürftig zu bedecken. Da muß ich schon bei einer englischen Vokabel Zuflucht suchen: *serendipity* benennt die Fähigkeit – oder bescheidener: das Glück – angenehme, kostbare, vergnügliche Sachen zu finden, die man nicht einmal im Traum gesucht hat.
Für die Ergebnisse der Serendipität, für die Fundsachen, die man behalten darf, weil sie niemandem und allen gehören, kennt die Kunstgeschichte wiederum keinen deutschen, sondern nur einen französischen Ausdruck, *objets trouvés*.
Mit gutem Grund: die Franzosen machen sogar im Fundsachenrecht, wo es um Verlustmeldungen, Ämter und Ansprüche geht, sprachlich keinen Unterschied zwischen Finder und Erfinder, der eine ist allemal auch ein wenig der andere.
Genug der Wortklauberei. Ehe ich aus dem flugfotografischen Nähkörbchen plaudere, halte ich allerdings noch eine weitere Vorbemerkung für angezeigt: Gewöhnung klebt wie ein Firnis an der Welt um uns; nichts ist so unsichtbar wie das Denkmal auf einem öffentlichen Platz. In jeder ernsthaften fotografischen Bemühung verbirgt sich der Versuch, diese Patina der Gewöhnung ab- oder jedenfalls anzukratzen – die Welt wieder neu zu machen wie am Schöpfungstag.
Bei dieser Neuerschaffung der Erde hat der Fotograf, der in die Luft geht, gegenüber seinen Kollegen am Boden eine Vorgabe: die der Höhe. Sogar annähernd dreitausend Fotoflugstunden in kleinen Chartermaschinen haben mir nicht das Staunen darüber verleiden können, wie dramatisch die Adlerschau das Bild der Erde verwandelt. An Schrägaufnahmen liegt mir freilich wenig, sie bringen kaum mehr als die Aussicht von Münster oder Minarett. Allein die Senkrecht- oder Fastsenkrechtaufnahme schöpft das optische Potential der Überhöhung aus, nur sie verfremdet und verdichtet zugleich und erlaubt so eine visuell aufregende Gratwanderung zwischen Information und Abstraktion.
Für meine Arbeit miete ich meist einmotorige Kleinflugzeuge – mit Pilot, bitte. Mein fliegerischer Ehrgeiz beschränkte sich schon immer auf den Vorsatz, einmal einen Kurs für notfallmäßiges Landen zu absolvieren; jedesmal wenn man mir einen über siebzigjährigen Piloten zuteilt, nehme ich mir fest vor, diesen Vorsatz nun doch endlich in die Tat umzusetzen. Unter den Sportmaschinen bevorzuge ich Cessna-Hochdecker der Baumuster 150 bis 210. Für Flüge über offenes Wasser und für die Arbeit im Gebirge sind mir freilich zwei Motoren lieber, etwa an einer Britten-Norman Islander. Bei besonderen Gelegenheiten habe ich auch schon Linienflugzeuge zwischen zwei Kursflügen den Passagieren ausgespannt. Den kostspieligen Komfort eines Hubschraubers leiste ich mir nur ausnahmsweise, über Großstädten oder Sportveranstaltungen – oder beiden, wie etwa beim New Yorker Marathon.
Bedingung bei der Anmietung ist, das sich eine Tür entfernen, ein Fenster voll öffnen läßt; Flugzeuge mit Druckkabinen stehen nicht zur Diskussion. Beim Flug lehne ich mich hinaus. Das ist eine luftige, zugige Methode, aber sie gewährleistet ohne aufwendige technische Vorkehrungen und komplizierte Flugmanöver den Blick fast senkrecht nach unten. Nach zwanzig Jahren solcher Improvisation kann ich ein Lied davon singen, welche Überredungskünste es manchmal braucht, um Piloten zur Reduktion ihres Fluggeräts auf dessen Skelett zu bewegen – und meine Versicherer kennen den Refrain: vom Winde verweht . . . ein Gehäuse über der Sahara, ein Belichtungsmesser über dem Großen Barriere-Riff, ein Weitwinkelobjektiv über dem Kap der Guten Hoffnung.
Was da manchmal in einer Kurve von meinen Knien gleitet und unsanft zur Erde kommt, war Teil meiner Kleinbildausrüstung. Im Flug arbeite ich mit Objektiven aller Brennweiten von 20 bis 200 Millimeter. Zoom-Objektive meide ich, ihre Schärfeleistung genügt mir nicht. Den Einsatz längerer Brennweiten schränken die Vibrationen des Flugzeugs, der Fahrtwind und, gegebenenfalls, Böen ein. Die Verwendung der Weitwinkelobjektive hängt davon ab, wie frei das Schußfeld ist, also in erster Linie vom Flugzeugtyp. Fahrgestell, Streben und Flügelspitzen sind gewöhnlich unerwünschte Bildelemente. Ich führe an Bord bis zu zehn geladene Gehäuse mit; mit ihnen spare ich teure Flugzeit. Ein Gehäuse ist schneller gewechselt als ein Film. Für automatische Kameras habe ich wenig übrig, sie bescheren beim Fliegen hauptsächlich Fehlbelichtungen, außer man fährt sie im Handbetrieb. Filter verwende ich nur ausnahmsweise, zuweilen ein Pol-Filter, um Reflexe auf dem Wasser zu dämpfen. Das für mich mit Abstand wichtigste Kamerazubehör ist der Winder. Der motorisierte Filmtransport erleichtert die Bildgestaltung, die im Flug in Sekundenbruchteilen erfolgen muß. Ja, für die Lösung einiger kniffliger aerografischer Probleme ist der Gebrauch des Winders sogar unabdingbar.
Ich denke zum Beispiel an Bilder, deren Komposition von der strengen Einhaltung der Mittelachse lebt – und die daher bei der geringsten Abweichung von dem idealen Bildaufbau tot sind. Solche Aufnahmen scheitern bei manuellem Filmtransport fast sicher, man löst im Vorbeiflug immer zu früh oder zu spät aus. Vor dem Start fixiere ich die Objektive mit Klebeband in der Unendlich-Stellung. Das enthebt mich der

Schärfekontrolle, wenn im Fahrtwind die Augen tränen; die Tiefenschärfe gehört ja nicht zu den Sorgen des Flugbildners. Ich belichte meist mit einer Fünfhundertstelsekunde. Längere Verschlußzeiten erhöhen sprunghaft das Risiko der Unschärfe. Allerdings habe ich mich bei dürftigen Lichtverhältnissen auch schon mal mit einer Sechzigstelsekunde aus der Affäre gezogen, und zwar ohne Zuhilfenahme einer Trägheitsplattform – vorausgesetzt, die Fundsache lag vor der Nase des Flugzeugs und konnte in Flugrichtung aufgenommen werden, sodaß die Winkelgeschwindigkeit gering blieb.

Die Flughöhen, die mir am meisten zusagen, liegen zwischen 300 und 1500 Meter über dem Grund. Um höher zu gehen, reichen oft die Sicht und manchmal das Steigvermögen der Maschine nicht. Zu Tiefflügen besteht selten zwingender Anlaß. Gelegentlich wollen aber Piloten mir partout ihre Flugkünste vorführen. Mit dem Fahrgestell schnippen sie die Ähren von den Halmen oder fegen die Schaumkronen von den Wellenkämmen: derartige fliegerische Husarenstücke machen mir Angst.

Um die Auslegeordnung der Ausrüstungsgegenstände zu vervollständigen: Kopfstrumpf und Gesichtsmaske gehören dazu, gegen die Kälte; außerdem Fingerhandschuhe aus Seide, in denen man die Kamera bedienen kann. Ferner ein Kreuzschraubenzieher, mit dem sich bei den von mir vorwiegend benützten Cessna-Modellen die Halterung des Fensters lösen läßt. Ohne diesen Schraubenzieher an meinem Taschenmesser hätte ich schon auf manchen Frühmorgenflug verzichten müssen: Um diese Tageszeit schlafen auf kleinen Flugplätzen die Mechaniker noch. Ebenso führe ich stets eine Rolle Klebeband im Gepäck mit. Bei neueren Cessnas, vor allem denen mit einziehbarem Fahrgestell, preßt der Aufwind das Fenster, wenn es im Flug offen steht, nicht mehr wie bei den alten Modellen fest an die Tragfläche. Es lahmt halboffen – zweifellos aus gesunden aerodynamischen Gründen. Ich klebe daher das Fenster schon vor dem Start mit Tape an die Flügelunterseite.

Bei vielen älteren Cessna-Modellen sitzt man übrigens für den von mir gewünschten Blick fast senkrecht nach unten zu tief. Daher gehörte eigentlich auch ein Kissen ins Gepäck. Doch geht soviel Voraussicht ja wohl etwas weit, ein Telefonbuch tut es auch. Ich habe jedenfalls viele Stunden meines Lebens auf den Yellow Pages, dem Branchenregister, von Manhatten und andern Weltstädten abgesessen.

Ein Wort noch zu der Miete der Flugzeuge. Es zahlt sich aus, weite Anfahrten im Wagen in Kauf zu nehmen und das Flugzeug in der Nähe des Ziels oder des Suchgebiets zu chartern. Man spart so Flugzeit, das auch. Vor allem aber gewinnt man, wenn An- oder Rückflug kurz ist, jene köstlichen ersten oder letzten Minuten des Tages, während denen die niedrig stehende Sonne die Landschaft in Glanz und Gloria präsentiert. Als Dreingabe bekommt man bei Lokalmiete außerdem die Ortskenntnis des Piloten. Und man ist erst noch gegen Wetter-Überraschungen gefeit; das Wetter am Standort ist ja nicht unbedingt das Wetter im Zielgebiet, wenn diese weit auseinanderliegen.

Ich will Flugbild-Aspiranten, die sich keine Mietflugzeuge leisten können, nicht entmutigen: Auch aus dem Kursflugzeug gelingen immer wieder einzigartige Bilder. Freilich, die Zeiten sind vorbei, in denen es genügte, sich bei einer Zwischenlandung mit dem Flugkapitän anzufreunden, der dann mit seiner DC-3 über einer Felskirche im äthiopischen Hochland einige Extrarunden zog, oder seine Fokker-Friendship aus Reiseflughöhe im Sturzflug in Fotoposition neben die Felsentempel von Abu Simbel brachte. Womöglich durfte man damals ins Cockpit und dort ein Schiebefenster öffnen. Ich traure diesen Zeiten heftig nach, vermute jedoch, daß die andern Fluggäste auf solchen improvisierten Fotoflügen meine Wehmut nicht teilen. Kehrte ich hochzufrieden aus der Pilotenkanzel auf meinen Sitz zurück, sah ich oft meine Mitpassagiere über ihre Tüten gebeugt oder sonstwie mit Avocado-Gesichtern.

Aufnahmen aus modernen Jets erfordern mehr Glück als Geschick. Die Doppelverglasung der Fenster – außen die Druckscheibe aus Acrylglas, innen die Lärmdämpferscheibe aus Plexiglas – treibt jeden Fotografen zur Verzweiflung. Sie verursacht Farbstiche und Unschärfen. So verzweifelt das Bemühen ist, trotz Scheibenhandicap zu passablen Aufnahmen zu kommen – ganz aussichtslos ist es nicht. Bestimmte atmosphärische Bedingungen und günstige Fluglagen machen ausreichend scharfe Bilder möglich, nur voraussagbar ist die Bildqualität nie. Aber dann läßt sich ja wohl dem Glück bei Gelegenheit nachhelfen – handgreiflich.

Auf einem Kursflug von Chicago nach New York an einem sensationell klaren Frühlingstag demontierte ich die Lärmdämpferscheibe. Die DC-10 war voll besetzt, niemand gab acht, nicht einmal mein Sitznachbar. Die Scheibe saß von Anfang an etwas locker, ich brachte sie ganz aus der Fassung und ließ sie neben meinem Sitz zu Boden gleiten. Meine Unternehmungslust wurde belohnt: über New York City angekommen, flog der Kapitän einige Warterunden – Manhatten durch die Einfachverglasung war die erhoffte Augen- und Fotoweide. Freunde, die von dieser Scheibengeschichte hören, fragen sich, ob es ratsam ist, mit mir im selben Jet zu fliegen. Ich kann sie beruhigen. Der Technische Dienst einer Fluggesellschaft, die meine aerografischen Fundsachen besonders schätzt, bot mir sogar an, bei frühzeitiger Voranmeldung auf Linienflügen die Scheibe, die mehr die Fotografierlust als den Lärm dämpft, vorsorglich schon am Boden zu entfernen. Für manche hat meine Arbeit – Flug ins Blaue, wo es doch am Boden so vieles anzupacken gibt – Ruch und Aroma des Leichtsinns. Zugegeben: Entfernung verwandelt Schwären in Augengold. Das Siedlungsgewucher, das Feld, Wald und Wiese frißt – in Jet-Erhabenheit destilliert das Auge aus dem Durcheinander wohltuend geordnete Strukturen. Und der Autofriedhof in einer Naturlandschaft, am Boden so viel wie die Faust aufs Auge, promoviert schon aus geringen Flughöhen betrachtet zu einem reizvollen Vielfarbenklecks. Was Wunder, wenn ich nicht auf den Vorwurf warten muß, am Boden unengagiert zu sein, ein richtiger Luftikus eben. Gegen Vorwürfe dieser Couleur habe ich mich stets damit verteidigt: daß, wer in die Luft geht, Überblick gewinne – und Übersicht ist ja Voraussetzung zu Einsicht; daß also, wer Schönheit aus dem Blauen sucht, nicht die Gefahr der Beschönigung laufen müsse, sondern vielmehr durchaus auch am Boden Gutes und Rechtes bewirken könne. Aber vielleicht habe ich das lange selber mehr gehofft als geglaubt – bis ich jüngst für die Hoffnung auf Einsicht aus Übersicht Beweise nachgeliefert bekam, einen gewichtiger als den andern.

Bei einer Flugerkundung entlang dem Niger-Knie war mir ein Dorf (Bild 62) so schön wie kein anderes afrikanisches in den Sucher gelaufen. Ich verbrachte wenig später im Grenzgebiet von Mali und Niger Tage mit Nachforschungen über seine genaue Lage und seinen Namen. Labbézanga heißt es – und die Bewohner erinnerten sich sehr wohl des Flugzeugs, das in Entdecker-Euphorie stundenlang (so kam es ihnen vor) über ihren Köpfen gekreist hatte. Mein Interesse für sie und der Umstand, daß ich über ein Flugzeug verfügt hatte, machten mich allerdings den Dörflern zunächst verdächtig. Sie hielten mich für einen Agenten der Regierung, die das Dorf von der Insel im Niger auf das Festlandufer umsiedeln wollte, aus keinem triftigeren Grund als dem administrativer Bequemlichkeit; sogar mit militärischer Intervention hatte sie gedroht. Nur zögernd schlossen sich die Ältesten des Dorfs meinem Argument an, daß meine Bilder ihre Interessen, nicht die der Regierung fördern würden. Ich hatte mir anfangs geschmeichelt, flugfotografisch mit der Fundsache Labbézanga mit einer Premiere aufzuwarten. Ich irrte, wie eine Literaturrecherche ergab: schon 1955 hatte die französische Kolonialmacht Labbézanga aus der Luft aufgenommen. Ich tröste mich seither mit der Überlegung, daß jeder Kolumbus seine Wikinger hat; daß es ein Merkmal der wahren Entdeckung ist, Folgen zu haben. Mein Flugbild hatte für die Einwohner Labbézangas die denkbar erfreulichsten Folgen. Es wurde in Zeitschriften und auf Plakaten zigmillionenmal vervielfältigt. Und heute macht die malische Regierung fremde Besucher stolz auf «das schönste Dorf Afrikas» aufmerksam, von Umsiedlung ist keine Rede mehr. Das Labbézanga-Bild half bewahren. Das Flugbild einer Farm bei Pomeroy im US-Staat Washington half sogar verändern. Die Farm (ähnlich derjenigen auf Bild 105) demonstrierte das ganze Arsenal erosionshemmender Maßnahmen in vorbildlicher Weise. Außer vorbildlich zu sein, war die Farm aber auch noch schön in einem herausfordernden, aufrufenden Sinn. Ich legte ein Flugbild von ihr David Hein, einem Beamten des Soil Conservation Service in dem benachbarten Lewiston (Idaho), mit der Bitte um fachkundige, bodenständige Erläuterungen vor. David ließ sich die Aufnahme vergrößern und hängte sie in seinem Büro auf. Dort sah sie Alex Schaub, ein Bauer, der sich bis dahin störrisch geweigert hatte, etwas Rettendes für seine heruntergewirtschaftete 800-Hektar-Farm zu tun. Sah sie und sagte, auf das Bild an der Wand zeigend: David und sein Amt hätten freie Hand – «wenn ihr meine Farm zu einem gleich fantastischen Gebilde ummodeln könnt». David konnte. In nur zwei Jahren verpaßte er der Schaub-Farm den Zebralook des Vorbilds. Die Bodenverluste gingen dank der Streifenordnung der Felder und dem eingeführten Fruchtwechsel von ehedem 350 Tonnen pro Jahr und Hektar auf erträgliche, verantwortbare 10 Tonnen zurück.

«Du hast dem Land», beglückwünschte mich David, als wir zusammen über «meine» bodenchirurgisch verbesserte Farm flogen, «Millionen Tonnen besten Ackerbodens gerettet.»

Einverstanden: soviel bringt der Leichtsinn des Luftikus Gerster nur selten auf die Waage.

1

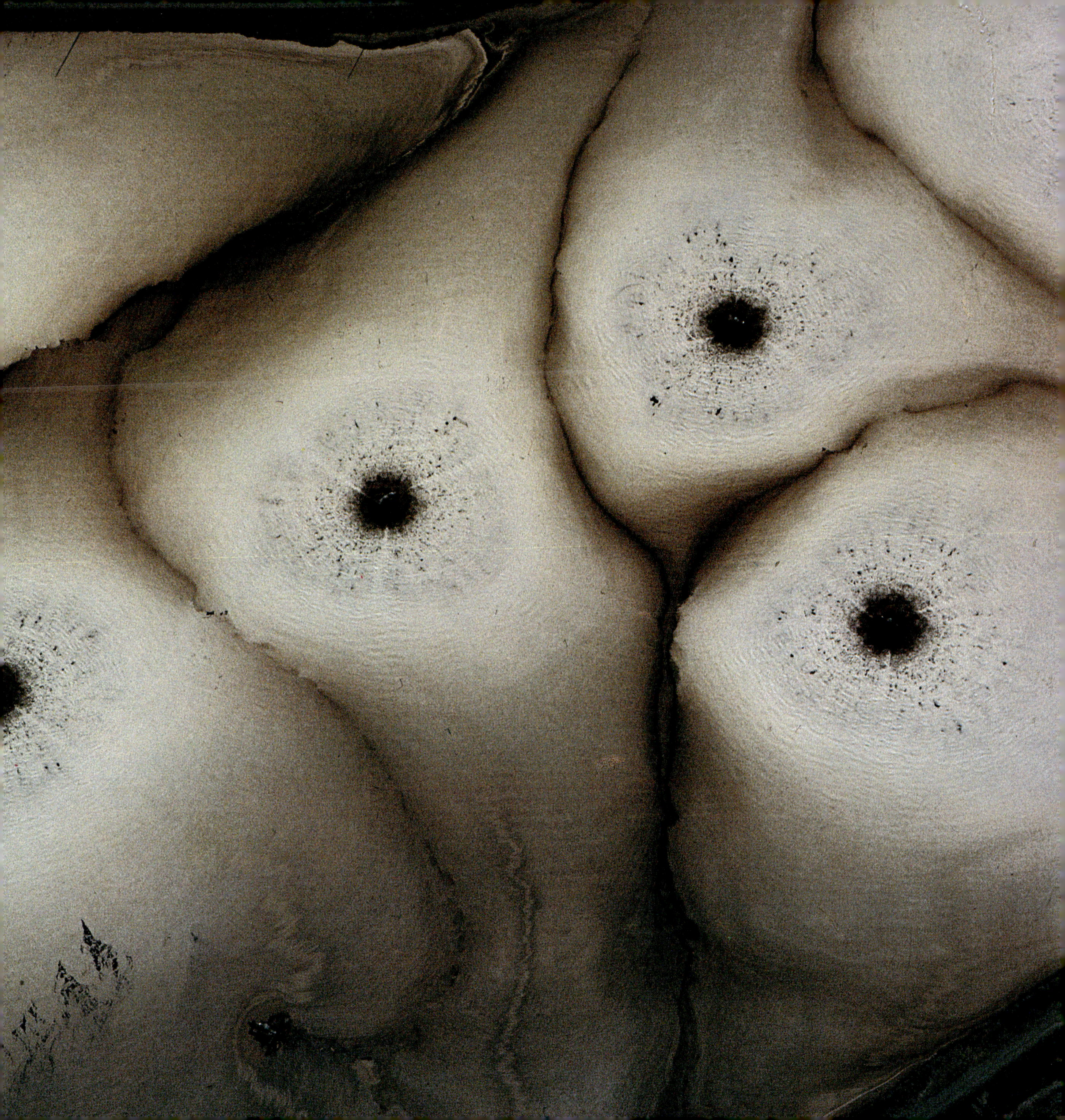

2

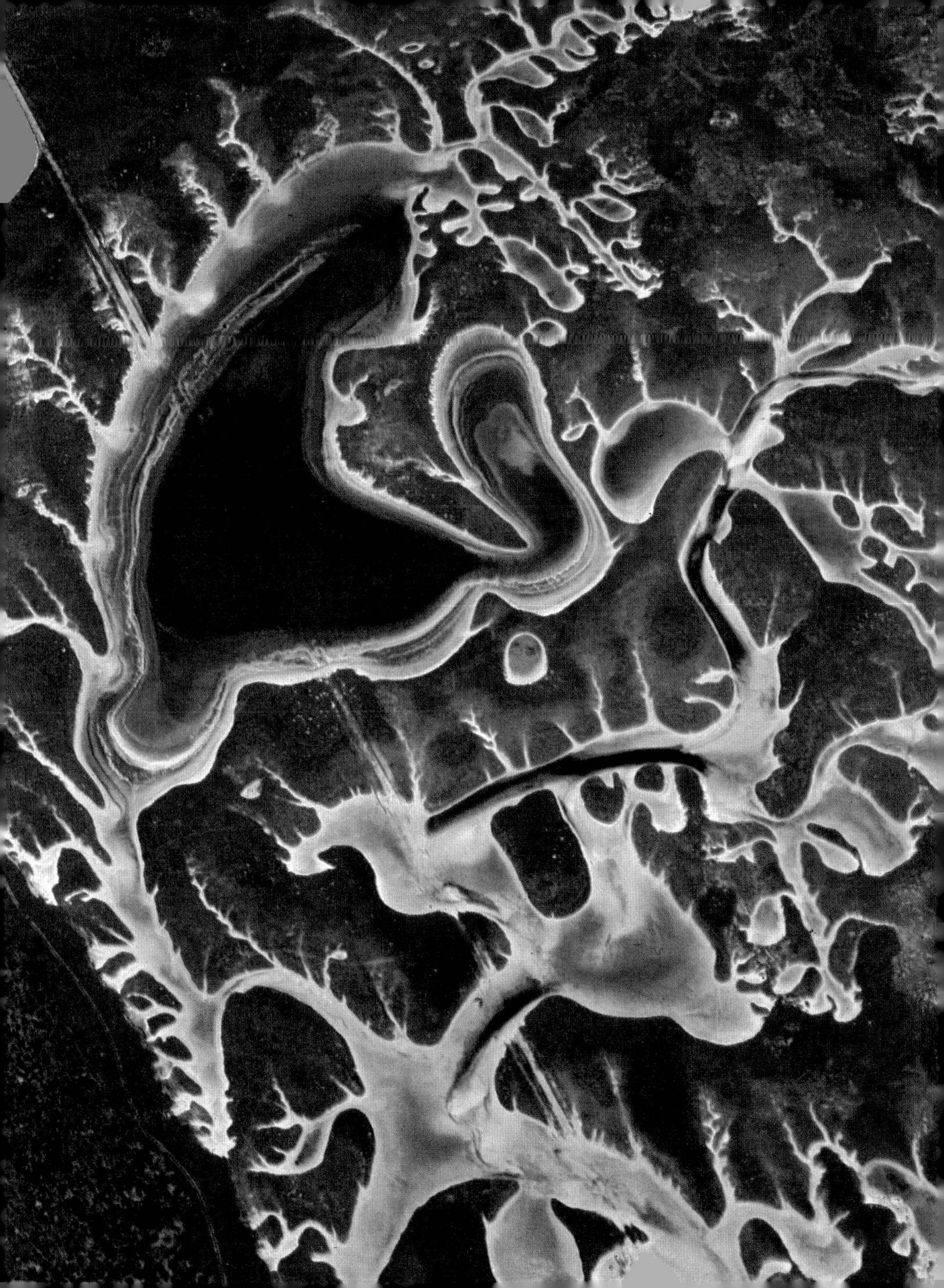

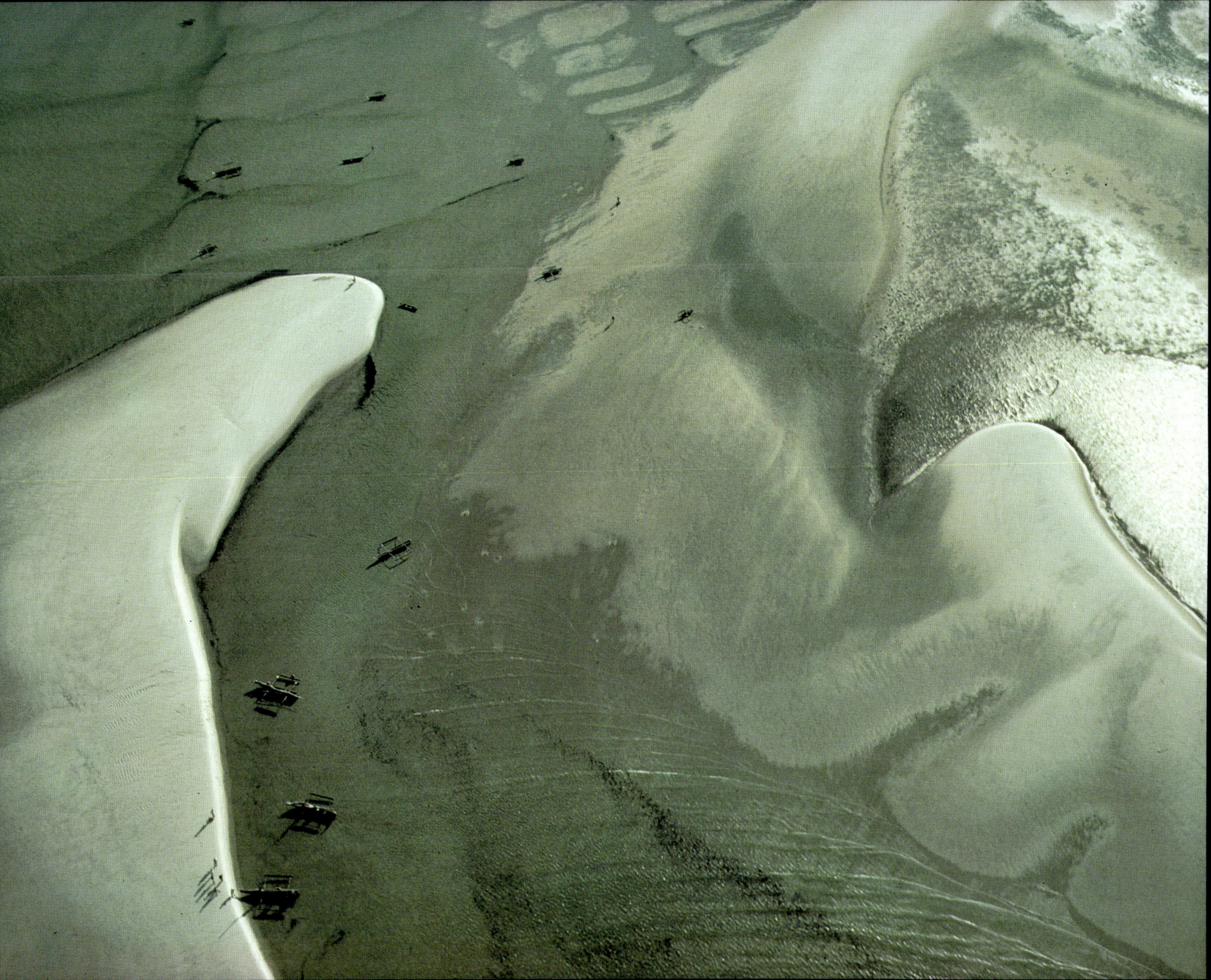

7

1

Reinigung der Abwässer einer Zellstoffabrik in Lewiston, Idaho/USA. Schwimmende Belüftungsturbinen saugen die Brühe aus der Tiefe an und versprühen sie, so mischen sie Luftsauerstoff in den Klärsee. Die Sauerstoffzufuhr regt Appetit und Vermehrung der Bakterien und Protozoen an, die die organischen Reste im Abwasser abbauen. Europäische Abwasserspezialisten, die in ihren Kläranlagen auf viel engerem Raum in viel kürzerer Zeit Abwasser hochgradiger reinigen müssen, äußern sich zu solchen Klärseen ebenso neidisch wie abfällig. Einstufige Abwasserreinigung – Belüftung und Absetzen des Klärschlamms in einem einzigen Becken – halten sie für mittelalterlich. Ihr Wirkungsgrad ist schlecht; das in den Fluß – hier in den Snake River – abgegebene Wasser belastet mit düngenden Salzen den Unterlauf. Dafür ist die Methode billig und braucht wenig Aufsicht. Und der Landverschleiß macht im dünnbesiedelten amerikanischen Doppelkontinent, wo solche Lagunen bei Zellstoffabriken die Regel sind, noch kein Kopfzerbrechen.
Soweit sie das Holz alkalisch, im Sulfatverfahren, aufschließen, sind die amerikanischen Zellstoffabriken Stänkerer von der aufsäßigsten Sorte. Der widerwärtige Mercaptan-Geruch steigt sogar zu einem Flieger über der Lagune auf und vermieft mögliche lüsterne Gedanken. Weide deine Augen, kneife deine Nase . . .

2

Überschwemmungsgebiet in der Mompos Senke, Kolumbien. In der Mompos Niederung münden die Flüsse San Jorge und Cauca in den Magdalenastrom, vereint verwandeln sie während der Regenzeit im Hochland das Tiefland in ein ständig wechselndes Kaleidoskop aus Seen und Sümpfen. Sind Strom und Flüsse wieder in ihre Betten zurückgekehrt, wandern aus den Provinzen Córdoba und Bolívar, angelockt von der saftigen Weide, riesige Viehherden ein. Das Überschwemmungsgebiet gilt heute als ackerbaulich nicht nutzbar. Dem war freilich früher nicht so. Auf dem Flugbild sind Hochäcker aus vorkolumbischer Zeit unübersehbar. Die Indianer schufen hochwassersichere Streifenäcker, indem sie Schlamm und Erde dazwischen aushoben, und bauten darauf – je nach Standort – Mais, Maniok, Bataten, Kakako und Gemüse an. Gelegentlich mögen sie die Vertiefungen zwischen den Hochäckern für die Fisch- und Muschelzucht ausgenützt haben. Ausgedehnte Hochackerfluren sind außerhalb Kolumbiens aus Mexiko, Ecuador, Belize, Surinam, Bolivien und Peru bekannt; viele Hochackersysteme werden noch bewirtschaftet. Wie alt die Erfindung ist, steht noch jetzt nicht fest; sicher verfügten alle Kulturvölker des Alten Amerika über sie zu der Zeit, als sie in die Geschichte eintraten. Die Maya zum Beispiel waren Meister bei der ackerbaulichen Erschließung von Sumpfland mittels Hochäckern.

3

Pfützen am Nordrand der Etoschapfanne, Namibia. Das Wasser jäh hereinbrechender Gewitterregen gräbt im Südsommer ein Filigran von Abflußrinnen in den Sandboden der Etoschaebene, ausblühendes Salz hebt Ränder und Konturen hervor, Blau- und Grünalgen besiedeln und färben die Lachen. Wenn man diese Produktionen der Natur schon mit Schöpfungen der Kunst vergleichen will: es ist, als ob Matisse oder Mirò als Landkünstler gewirkt hätten. Und wenn man Natur nur mit Natur vergleichen will: die Pfützen erinnern an Dünnschliffe von Mineralien. Ganz gewiß also eine Augenweide. Aber nicht nur das. Die Elefanten, mehr als tausend Tiere, brechen um diese Zeit, angelockt von den Pfützen im Norden, vorübergehend aus den Grenzen des Etoscha Nationalparks aus und nehmen sich ihren Sommerurlaub von den Touristen.

4
Wanderdüne in der Oase Kharga, Ägypten. Der Barchan, eine Sichel aus Sand, kriecht über das Skelett früheren Ackerbaus – aufgegebene Bewässerungskanäle und Feldparzellen. Sie wurden vielleicht schon in spätpharaonischer Zeit angelegt, in der Zeit der Invasionen der Perser oder Alexanders des Großen; möglicherweise stammen sie aber auch erst aus frühchristlicher Zeit, als Kharga der Verbannungsort für ketzerische Kirchenväter und mißliebige Patriarchen wurde.
Der Barchan gehört zu einer Dünen-Kolonne, die mit der Unaufhaltsamkeit von Panzern durch die 200 Kilometer lange Oasensenke vorrückt: Ghard Abu Muharik, «Vater der Bewegungsdüne», heißt die aus Hunderten von Sicheldünen zusammengesetzte Sandformation bei Khargas Bewohnern. Derjenige, den es trifft, wartet geduldig, bis der Sand wieder aus dem Haus ist, gegebenenfalls generationenlang. Der Vater, der sein Gehöft verließ, weil der anrückende Sand den Brunnen zuschüttete, dankt Allah, daß wenigstens sein Sohn wieder zurückkehren darf, nachdem der Sand abgezogen ist. Allerdings: schon ist der nächste Barchan im Anmarsch.

5
Ebbe bei Kunduchi, Tansania. Die Fischer warten darauf, daß die Flut ihre Auslegerboote wieder flott mache.

6
Priele im Schlickwatt bei Bandar Abbas am Persischen Golf, Iran.

7
Korallenbänke vor Townsville, Queensland/Australien. Sie gehören zum Großen Barriere-Riff, das in wechselnder (25 bis 300 Kilometer) Entfernung vom festen Land zweitausend Kilometer lang schützend vor der Nordostküste des Inselkontinents liegt. Es ist aus zahllosen Einzelriffen zusammengesetzt, kreis-, ei-, hufeisen- und hakenförmigen. Unter den lebenden Korallenriffen der Erde hat es nicht seinesgleichen, sogar in der Erdvergangenheit – so versichern die Geologen – gab es keine vergleichbare Schöpfung von Steinkorallen.
In Sorge um das Große Barriere-Riff hat es Australien 1983 zum Meerespark erklärt. So kann der Korallenwall gegen die massivsten Übergriffe (etwa durch Dynamitfischer und Tauchtouristen) und gegen ökologische Kurzsichtigkeit besser verteidigt werden. Dagegen vermag die *Marine Park Authority* nichts gegen Natur-Kräfte – Erdbeben, Zyklone, Süßwasser (wenn das bei Nipptiden trocken gefallene Riff verregnet wird) und klimatische Widrigkeit, die dem Riff durch Erwärmung des Meerwassers zusetzt. Auch gegen einen Stachelseestern, der die Korallenpolypen abweidet, ist sie wehrlos: die «Dornenkrone» vermehrt sich periodisch massenhaft und verwandelt die bunten Korallengärten vorübergehend in eine mondhafte Wüstenei.

8

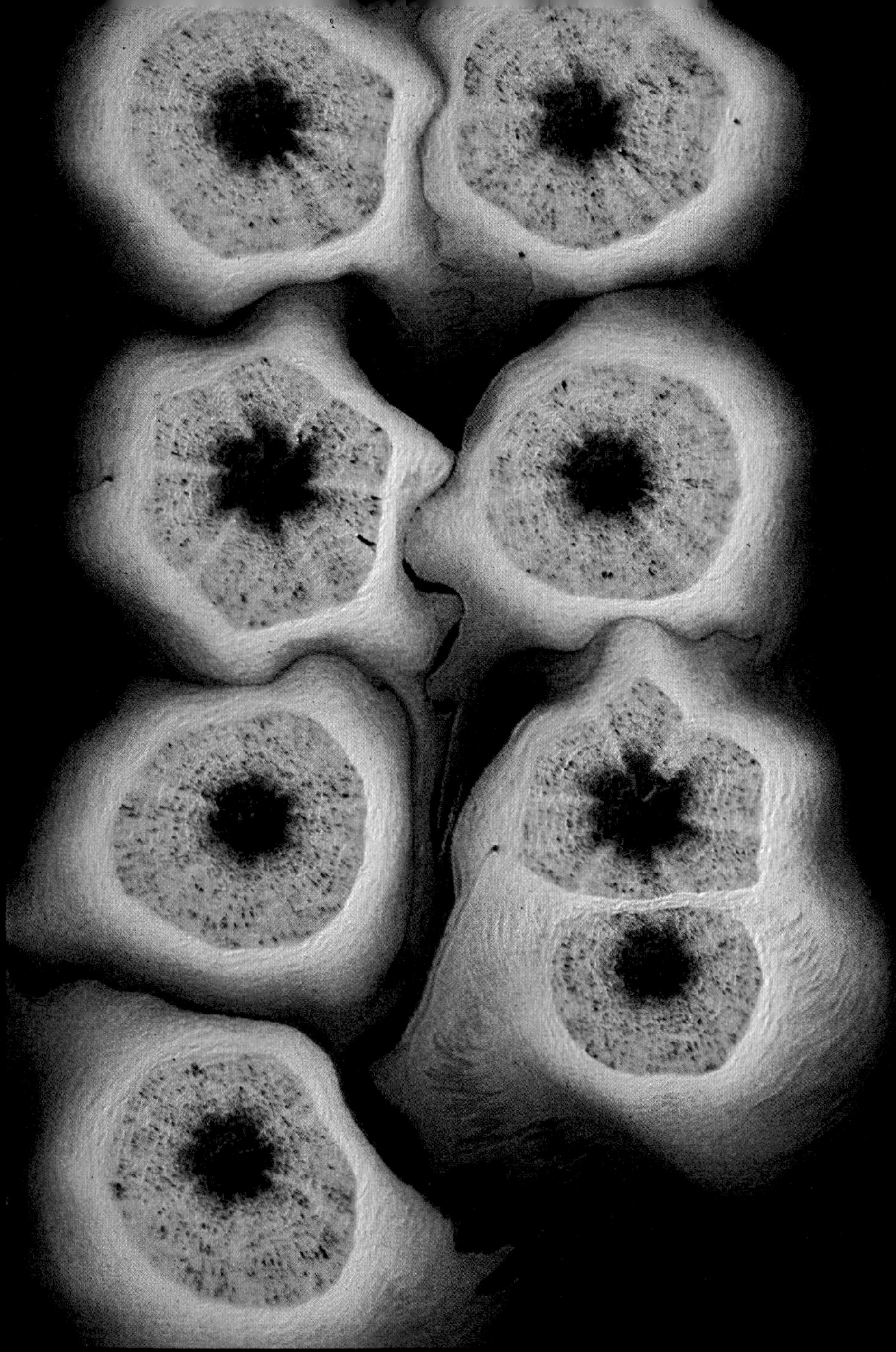

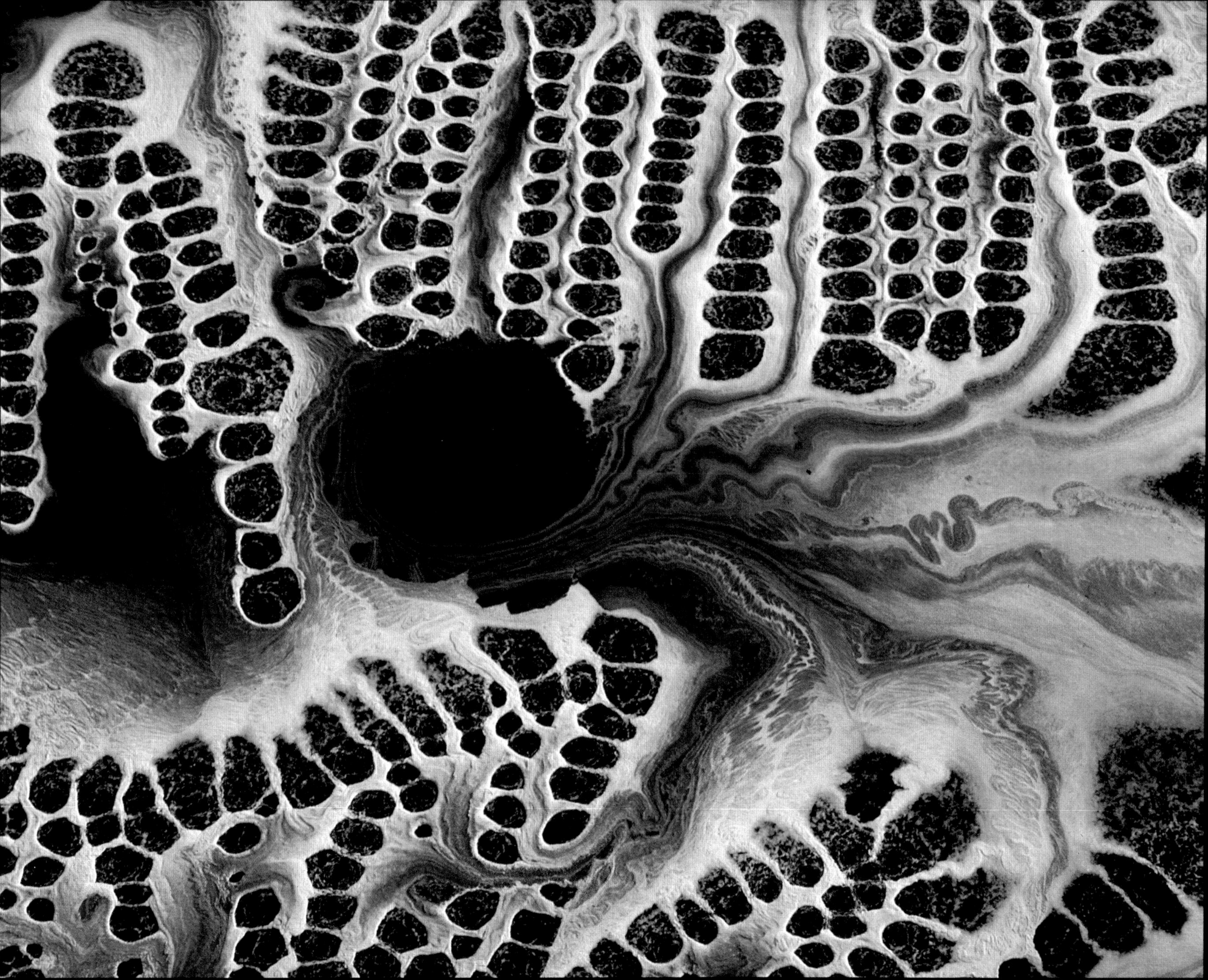

8
Klärlagune am Mississippi, nördlich von Baton Rouge, Louisiana/USA. Turbinen beatmen künstlich industrielle Abwässer. Sie suggerieren – anders als auf Bild 1 – unverfänglich Blumen.

9
Abfallfrüchte bei Homestead, Florida/USA. Jedes Hügelchen auf dem Müll ist eine Lastwagenladung der ausgeschiedenen Kürbisse und Tomaten.
Ein Versuch der EG-Bürokraten, mit den Agrarüberschüssen der Gemeinschaft fertig zu werden, hat ja jüngst das Wörterbuch des Unmenschen um eine neue Vokabel bereichert: «Marktrücknahme» – sprachlich ebenso empörend wie schönfärberisch-scheinheilig für «Vernichtung». Es ist daher nur fair beizufügen, daß die abgebildeten Früchte nicht marktrückgenommen werden, um den Produzentenpreis zu stützen, sondern weil ihre Qualität den Anforderungen der Verbraucher nicht genügt.

10

Sandbänke in der Moreton Bucht bei Brisbane, Queensland/ Australien. Den Sanden, die auch bei Ebbe nicht ganz trocken fallen, schmeicheln die sanften Strömungen der Gezeiten immer neue Konfigurationen ab – und tropische Wirbelstürme wühlen sie mitunter um. Naturvorgänge können plötzlich aus einem vorhersagbaren Zustand in einen unvorhersagbaren umschlagen, eine regelmäßige Strömung zum Beispiel kippt um in Turbulenz. Ordnung wird Unordnung, wird Anarchie, wird Chaos. Das Verhalten von Sand in einem strömenden Medium – sei das Wasser (dazu auch die Bilder 5 und 50) oder Wind (Bilder 4, 51, 74, 85, 110) – erfreut sich bei den «Chaoten» wachsender Aufmerksamkeit.

Chaos-Forschung ist zur Zeit schon fast Mode, Chaos-Theoretikern erscheint in der Natur das Chaos eher als die Regel, Ordnung als die Ausnahme. Diese Erkenntnis ist allerdings gelegentlich beruhigend: Ein Hirnstrombild mit völlig ebenmäßigen, streng periodischen Schwingungsweiten, ein musterhaft geordnetes Elektroenzephalogramm also, entsteht bei einem epileptischen Anfall; dagegen zeichnet der Enzephalograph bei normaler Denktätigkeit eine krakelige Hirnstromkurve auf – je intelligenter der Mensch ist, je intensiver er denkt, desto chaotischer wirkt sie. *Chaos is good for you ...*

11

Klärlagune einer Fabrik bei Baton Rouge, Louisiana/USA. Im Unterschied zu dem Verfahren, das auf den Bildern 1 und 8 augenfällig ist, versorgen im Klärschlamm verlegte Schläuche die Bakterien und Protozoen mit zusätzlichem Sauerstoff. Druckluft perlt aus Löchern, die in regelmäßigen Abständen die Schläuche perforieren. Diese Luftdusche schafft das bildwirksame Muster. So atemraubend die Schönheit des Klärsees ist, so ist es sein Geruch.

12

Salzpfannen bei Massawa, Äthiopien. Nicht nur die industrielle Salzmacherei (Bilder 24, 29, 69, 123) schafft faszinierende optische Muster: die kleingewerblichen Verdunstungspfannen fügen sich im Flugbild wie zu der Farbpalette eines Malers zusammen. Die Salzmacher von Massawa leiten Meerwasser in künstliche Mulden. Die Sonne konzentriert nicht nur die Sole, sie bleicht auch das geschöpfte Salz zu makellosem Weiß.

13

Das Opalfeld von White Cliffs, New South Wales/Australien. Känguruh-Jäger entdeckten 1889 hier in der Nordwestecke von New South Wales opalführende Gesteinsschichten, die entweder ausbeißen oder nur wenig unter der Oberfläche liegen. In den darauffolgenden zehn Jahren wurden die Edelopale aus White Cliffs weltberühmt, aber schon kurz nach der Jahrhundertwende gerieten Aufwand und Ertrag mehr und mehr ins Mißverhältnis: als 1915 die letzten Opalsucher abzogen, hinterließen sie ein von 50 000 Schachtöffnungen pockennarbig gewordenes Gelände. Seither haben Profis mehrmals versucht, in White Cliffs die Opalsuche wiederzubeleben, doch gehören heute die Felder recht eigentlich den *fossickers*, den Freizeit-Schatzsuchern. Jeder kann sich für ein paar Dollars das Recht auf einen Opal-Claim von 30 mal 30 Meter Fläche sichern. Er durchwühlt dann zum xten Mal, und manchmal sogar mit Erfolg, den Aushub, den die Vorgänger für taub hielten und um die Öffnung des Suchschachts herum anhäuften. Oder er treibt von der Sohle des Schachts einen neuen Stollen ins Gestein. *Fossicking* ist in Australien so gut wie ein Nationalsport. Freilich: Auf ein Wochenende ist mancher gekommen, geblieben ist er ein Leben lang.

14

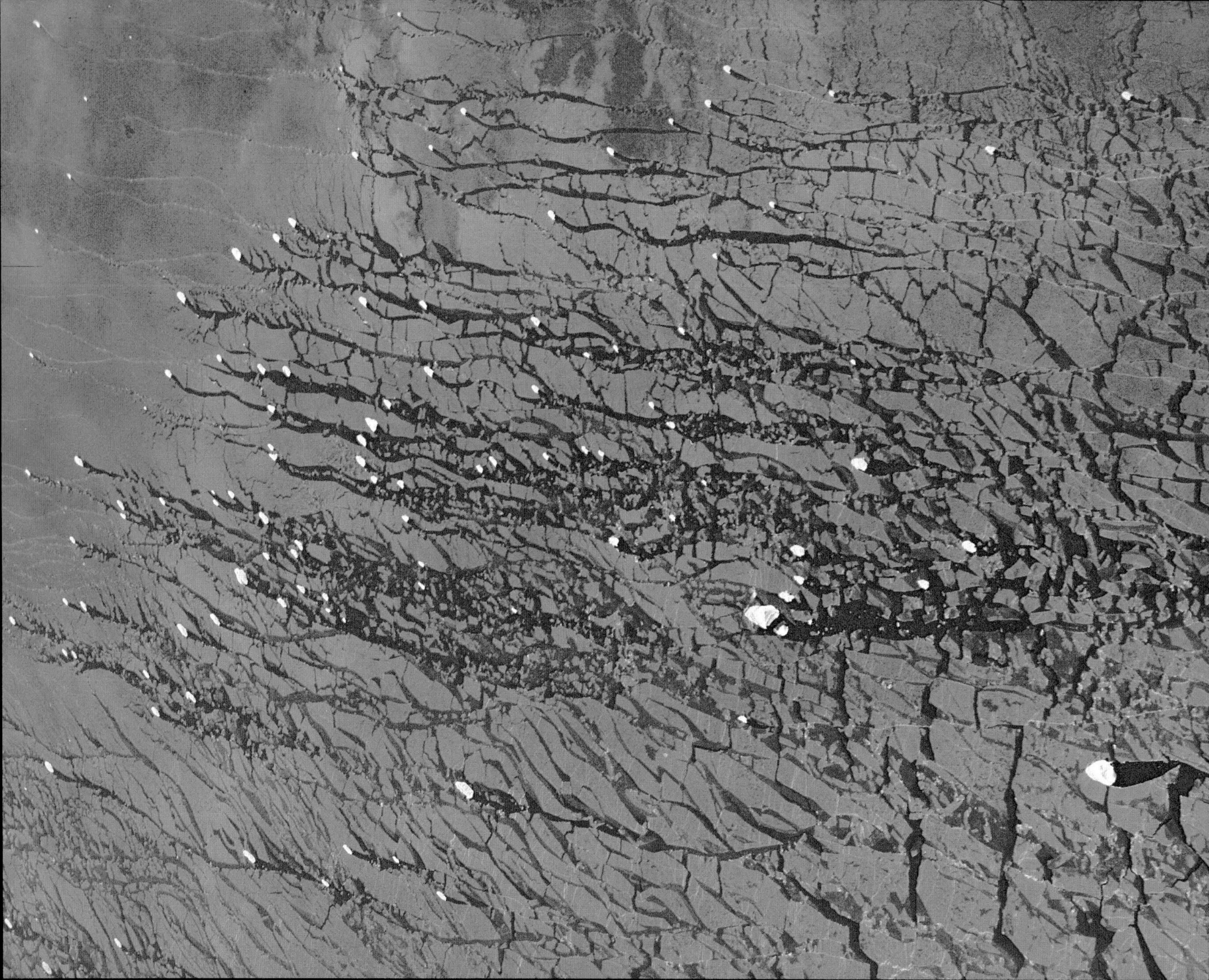

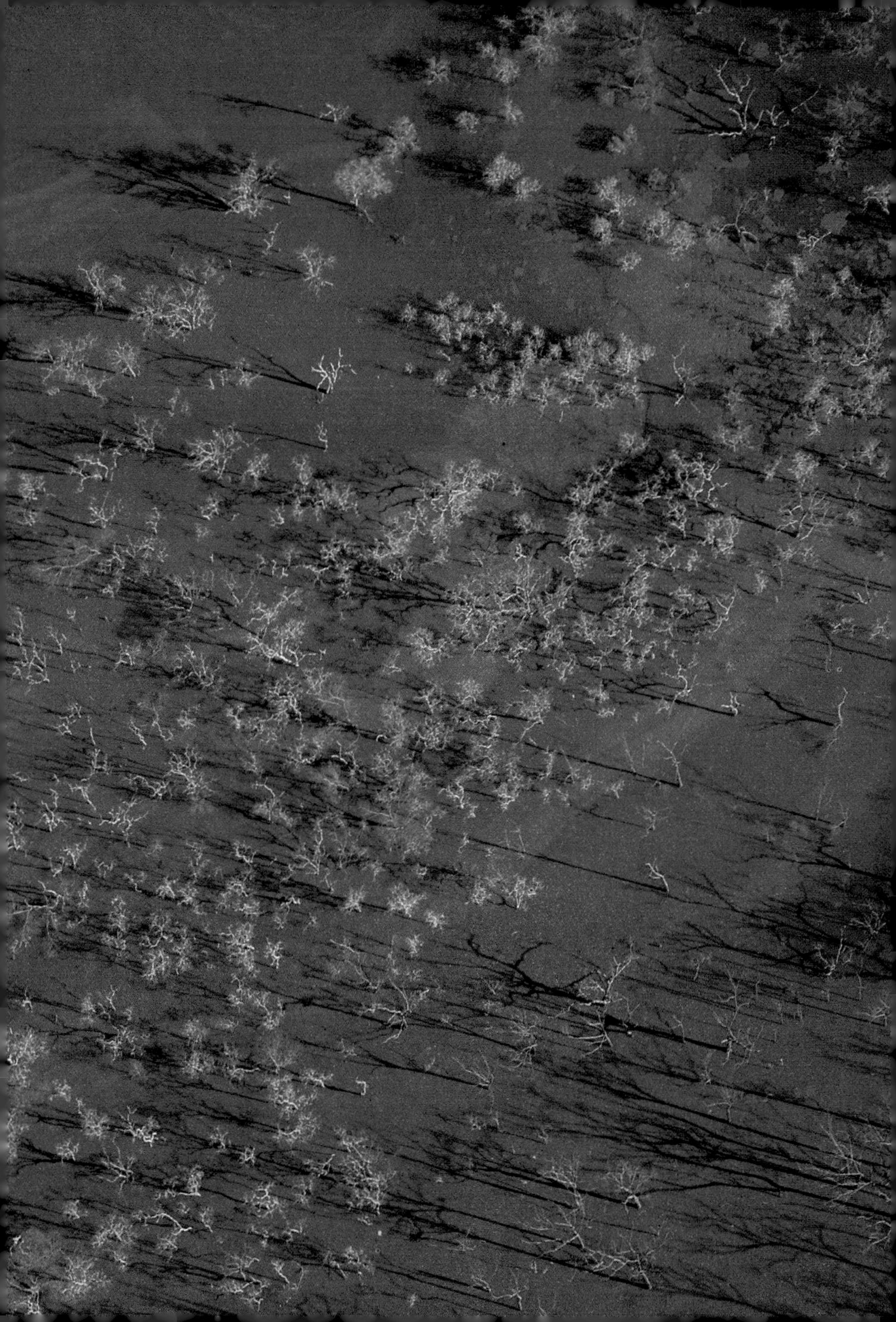

14
Bryce Canyon Nationalpark, Utah/USA. Der Mann, dessen Namen der Park trägt, hatte noch keine Augen für das Naturwunder. Für den mormonischen Viehzüchter Ebenezer Bryce, der sich dort 1875 niederließ, war der felsige Zauber- und Irrgarten ein Ärgernis – «ein höllischer Ort, um eine Kuh zu verlieren».
Die Bezeichnung «Canyon» für dieses Filigranwerk der Verwitterung führt in die Irre; vielmehr hat man es mit dem Steilabbruch einer Hochfläche aus horizontal lagernden Schichtgesteinen zu tun. In den Sedimenten treten aus nicht ganz verstandenen Ursachen zonenweise Schichtfugen auf, die senkrecht zu der Lagerebene verlaufen. In diesen Klüften greifen die Kräfte der Verwitterung an: Spaltenfrost und Pflanzenwurzeln sprengen den Stein, Wasser und Luftchemikalien lösen und zersetzen den Fels. Regengüsse und Schmelzwasser beseitigen den Verwitterungsschutt und setzen die Ziselierarbeit an den Türmen und Felsnadeln fort. Selbst deren Pigment ist weitgehend ein Erzeugnis der Verwitterung: beim chemischen Abbau des Gesteins entstehen rote und gelbe Eisenoxid- sowie lavendelfarbene und purpurne Manganoxid-Verbindungen.

15
Korallenbänke vor der Insel Abaco, Commonwealth der Bahamas. Blaugrün leuchten die flacheren Teile des Riffs, das in unregelmäßigen Flecken wächst.

16
Kristallisierende Soda auf dem Magadisee, Kenia.

17
Das Pfahlbaudorf Nueva Venecia in Kolumbien. Pfahlbauer gründeten das Dorf Mitte des letzten Jahrhunderts in der Ciénaga Pajaral; diese gehört zu einem System ausgedehnter, kommunizierender Küstensümpfe und Haffe in Kolumbiens Karibikprovinz El Magdalena. Die jetzt 1300 Neu-Venezianer leben vom Fischfang. Die Ciénagas am Karibischen Meer sind Kolumbiens ergiebigste Fischgründe: sie sind auch bei Hochwasser an vielen Stellen kaum einen Meter tief, aber böige Winde rühren laufend das Wasser um und schaffen damit der Lebensgemeinschaft in der Lagune ideale Bedingungen. Ein Sturm schlägt das mit organischer Substanz angereicherte Wasser zu Eiweißschnee und zieht zwischen den Wohninseln Neu-Venedigs den Schaum zu Fäden aus. Der Schaum enthält lebende und tote Schwebetierchen des Planktons, mikroskopisch kleine Algen, Bakterien, Fadenwürmer, Wimper- und Rädertierchen sowie ihre Ausscheidungsprodukte – Bioschaum!

18
Baumskelette – von Eukalypten und Mangroven – im Rotschlamm eines Tonerdewerks bei Gove, Australien. Rotschlamm fällt als Rückstand der Tonerdeerzeugung an; die Farbe verdankt er seinem Gehalt an Eisenoxid. Er trocknet in Auffangbecken und ist als Zuschlag bei der Roheisengewinnung, in der chemischen und in der Bauindustrie beschränkt weiterverwendbar.

19
Wie Streichhölzer geknickte Fichten im Yellowstone Nationalpark, Wyoming/USA. Schädlinge, namentlich ein Borkenkäfer und der Fichtenwickler, hatten sie geschwächt, Biber sie benagt, ehe Schnee und Sturm sie fällten. In Rechnung zu stellen ist auch die Erwärmung des Untergrunds aus Vulkanismus (Bild 119); sie läutet an einigen Stellen des Parkgebiets das Waldsterben ein. Von dem Mord am Wald wird also der Mensch für einmal freigesprochen, sogar die zyklischen Verheerungen durch Schadinsekten gehören von alters her zu Yellowstone wie sein Wahrzeichen, der Geysir Old Faithful. Eigentlich sollte die Mahnung überflüssig sein, daß selbstverständlich der Freispruch dort hier kein Grund zu pharisäischem Ichhabeesjaschonimmergesagt sein kann. Die Stoßstangenkleber-Botschaft, die ich vor Ort auf einem Parkplatz entdeckte, ist zynische Asphalt-Ökologie: «Rette einen Baum – iß einen Biber».

21

23

24

25

26

20
Reisbau bei Semarang auf Mitteljava, Indonesien. Mit Fleiß – um nicht zu sagen: Genie – verwerten die javanischen Bauern die Gunst des Standorts – fruchtbare Aschenböden, das Monsunklima – zu drei Ernten im Jahr. Die Terrassenfelder am Fuß und auf den Flanken der Vulkane prangen ganzjährig in vielen Farben, die Reisernten reifen nicht im Gleichtritt. Zum Reis hinzu kommen Gemüsekulturen.

21
Zitruspflanzungen bei Morphou, Zypern. Das Flugbild entstand Anfang der siebziger Jahre. Heute sind die Agrumengärten der Mesaoria, der fruchtbaren Quersenke zwischen den beiden Bergketten der Mittelmeerinsel, kaum mehr als Geschichte. Morphou liegt im türkisch besetzten Teil der Insel; den Zitruspflanzern wird entweder der Zugang zu ihren Gärten verwehrt oder sie haben, wenn sie in der besetzten Zone wohnen, keinen Zugang mehr zu ihrer alten, eingespielten Vermarktungsorganisation. Die Schwierigkeiten der Zitruspflanzer in der Mesaoria begannen allerdings nicht erst mit der politisch-militärischen Amputation. Schon vorher hatte der steigende Salzgehalt des Wassers ihre Gärten bedroht, die Grundwasservorräte waren ständig zurückgegangen. Die Mesaoria ist, das verrät ihr Name, eine «Landschaft zwischen Gebirgen» und darum im Regenschatten.

22
Bewässerte Felder bei Yazd, Iran. Der Grüngürtel, der die persischen Wüstendörfer und -städte umgibt, spendet Gurken, Kürbisse, Sellerie, Spinat, Zwiebeln, Radieschen und, als Neukömmling, Tomaten. Nicht zu vergessen Minzen, Petersilie, Laucharten, Dill und Basilikum – ohne Kräuter keine persische Küche! *Sabzeh*, «das Grüne», Bestandteil jeder persischen Mahlzeit, ist mehr als nur der Vitaminlieferant, für ein Wüstenvolk versinnbildlicht es die Fruchtbarkeit und das Leben selber. Sabzeh – an diesem Tag gekeimtes Getreide – ist der Mittelpunkt der Neujahrstafel am 21. März.

23
Feldermosaik bei Bushehr am Persischen Golf, Iran. Die dunkelbraunen Schläge sind frisch gepflügt oder geeggt. Die Bearbeitung der hellbraunen Parzellen dagegen liegt vermutlich einige Tage zurück. Land, das noch auf den Pflug wartet oder weiterhin zur Brache bestimmt ist, erscheint ganz hell, fast weiß. Ein Bewuchs – Gräser? Unkräuter? – gibt dem Brachland das rostfleckige Aussehen. Anscheinend handelt es sich um Regenfeldbau, Bewässerungskanäle fehlen. Unbewässerter Anbau muß am Persischen Golf der Niederschlagsarmut und der sengenden Hitze trotzen; eine Bundesgenossin haben die Bauern allerdings in der hohen Luftfeuchtigkeit. Das Bild entstand im Januar. Dieser Monat, kühl und regnerisch, gilt als für die Feldbestellung günstigste Zeit.

24
Salzgärten auf dem Magadisee im Ostafrikanischen Grabenbruch, Kenia. Der Konzessionär erzeugt aus dem Natronsee (Bild 16) hauptsächlich Soda. Auf einem kleinen Areal des Sees reift aber auch in Konzentrations- und Kristallisationsbecken Kochsalz; die jährliche Produktion von 40 000 Tonnen reicht aus, um Kenias Bedarf bei Tisch, für die Viehzucht und in der Industrie (Zellstoff- und Papierherstellung, Behandlung von Häuten) zu decken.
In den Konzentrationsbecken dampft die Sonne das Seewasser allmählich ein, in den Kristallisationsbecken trennt sich das Kochsalz von unerwünschten Beimengungen und kommt als weiße Kruste obenauf. Außer auf die Sonne ist der Salzmacher auch auf die Hilfe von salzliebenden Kleinstlebewesen in der Sole angewiesen. In den Verdunstungsbecken bildet sich ein Teppich aus Algen, Wimpertierchen und andern Einzellern, Bakterien, Fadenwürmern und einigen Rädertierchen. Dieser Belag versiegelt einerseits die Becken und steigert andererseits durch Färbung der Sole die Absorption der Sonnenstrahlung und damit die Verdunstung. Die Becken für die Endkonzentration gehören exklusiv roten Bakterien. Ein dunkelrotes Becken zeigt dem Salzmacher an, daß das Salz bald reif ist.

25
Flamingos auf dem Bogoriasee, Kenia. Mehr als die Hälfte der geschätzten Flamingo-Weltbevölkerung von sechs Millionen Schnäbeln lebt auf und an den Natronseen im Ostafrikanischen Grabenbruch. Zwei Flamingo-Arten waten, nisten und brüten in den unwirtlichen, von andern Tieren gemiedenen alkalischen Gewässern: der Kleine Flamingo *(Phoeniconaias minor)* und, in weit geringerer Zahl, der Große oder Gewöhnliche Flamingo *(Phoenicopterus ruber)*. Beider Schnäbel sind raffinierte Seihapparate, mit denen sie die reichlich vorhandenen Algen, winzige Garnelen und andere Kleinstkrustentiere aufnehmen, ohne die giftige Lauge mittrinken zu müssen. Das Gefieder der Küken ist schmutzigweiß; erst später färbt es sich rosa aus dem Verzehr von Salzalgen mit Canthaxanthin, einem dem Vitamin A chemisch verwandten Farbstoff (dazu auch Bild 24). Flamingos erbleichen im Zoo mit jeder Mauser mehr, wenn ihre Kost nicht Karotten, Paprika und/oder ein Canthaxanthinpräparat enthält. Heißquellen sind für die Löcher im Flamingo-Teppich verantwortlich.

26
Feldermosaik in Lasta, Wollo, Äthiopien. Ende Oktober, nach der Hauptregenzeit, leuchten im Hochland noch die Nug-Felder, während die Ochsengespanne schon die Getreideäcker für eine erhoffte zweite Ernte umbrechen. Nug *(Guizotia abyssinica)*, eine Verwandte unserer Sonnenblume, ist Äthiopiens wichtigste Ölpflanze: ihre fettreichen Samen liefern ein geschätztes Speiseöl.
Als einziges Gebiet im tropischen Afrika kannte Äthiopien schon in vorkolonialer Zeit neben dem Hackauch den Pflugbau – Teil des von südarabischen Einwanderern ererbten Kulturgutes. Aber auch so erzeugt der äthiopische Bauer in einem günstigen Jahr auf seinem Land nur gerade 5 Prozent mehr Nahrung, als seine Familie verbraucht. Hier, aber nicht nur hier, ist deshalb der Hunger weniger ein Problem der mageren Jahre als ein Problem anhaltend zu knapper Überschüsse in den fetten. Nur: Katastrophen, Krisen, Kwaschiokor sind fernsehgerecht, sie mobilisieren Herz und Hilfe; der Befund chronisch ungenügender Produktivität dagegen ermangelt des Dramas und der Farbe, er appelliert an den Kopf. Aber nicht genug an den Folgen des Defizits unserer Einbildungskraft. Wohlmeinend haben die Geberländer immer wieder den Drittwelt-Kleinbauern sogar benachteiligt. Nahrungsmittelnothilfe drückte auf die Agrarpreise; landwirtschaftliche Entwicklungsvorhaben von industriellem Zuschnitt drängten die Armen auf marginale, erosionsgefährdete Böden ab.

27

29

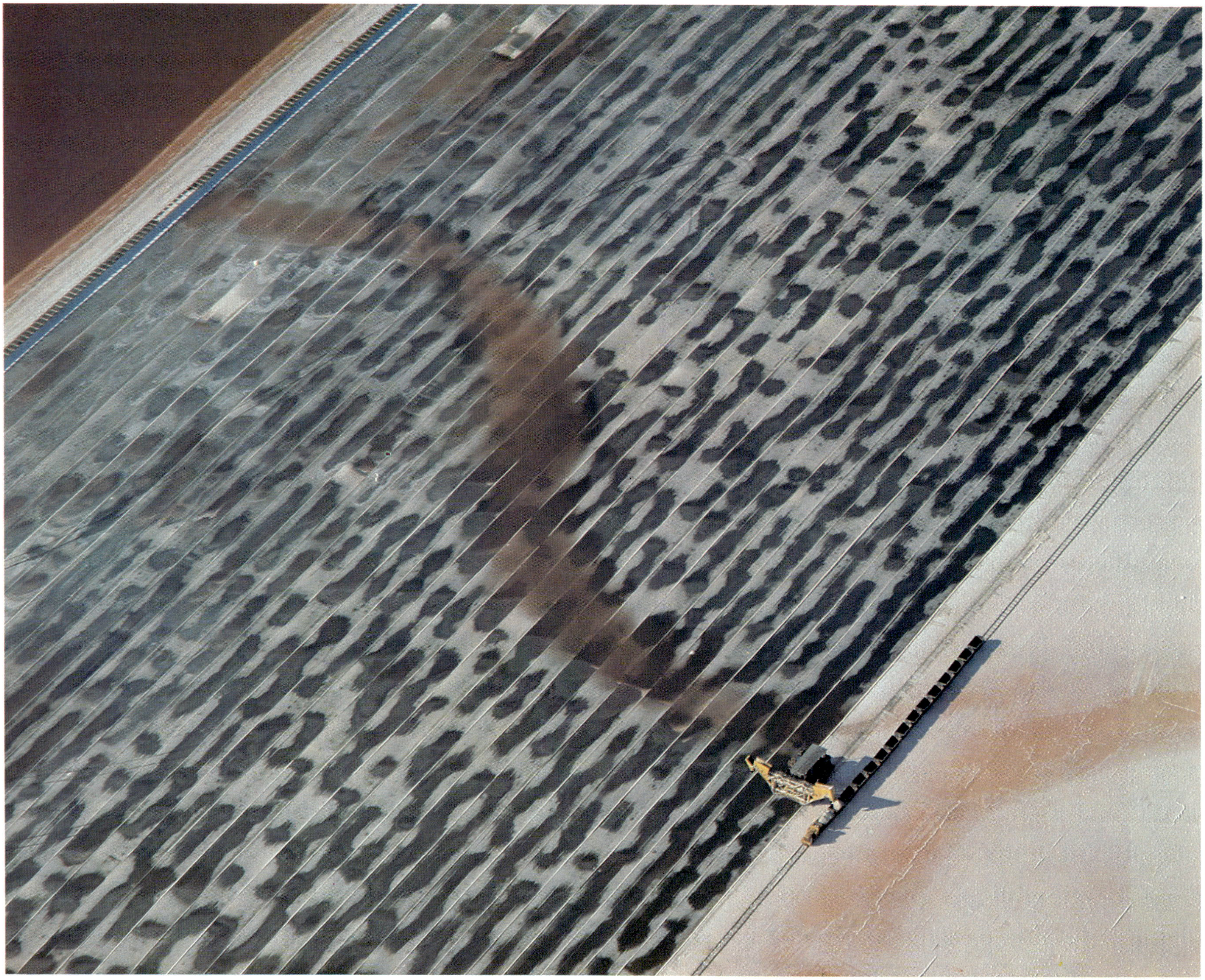

30

31

27

Sektorenweide und Ölfeld bei Wink, Texas/USA. Der Rancher Mike Harrison rotiert seine Herde in fünfzehn Kreissektoren; nach jeweils drei Tagen ziehen die Rinder in den benachbarten Weidesektor um. Der Übertritt geschieht im Mittelpunkt des Kreises, wohin das Vieh ohnedies zur Tränke kommen muß. Die Verwendung elektrischer, mit Sonnenstrom gespeister Zäune senkt die Anlagekosten. Ein Ölfeld mit Förderpumpen und Erschließungsstraßen überlagert die Speichen der Sektorenweide. Die radähnlichen Gebilde solcher *cell grazing* Anlagen könnten künftig in den Viehzuchtgebieten der USA ein Leitbild werden, wie es die Kreisberegner in den ackerbaulich genutzten Halbwüsten des Südwestens (Bild 72) sind. Ihre Nachteile – anfänglicher Rückgang der Herdenproduktivität, erhebliche Investitionen – macht der langfristige Vorteil bei weitem wett: durch die Schonung an 340 Tagen in jedem Jahr verbessert sich die Weide qualitativ und quantitativ.
Der Staat Texas vermachte 1876 und 1883 der Universität Texas 800000 Hektar Land, um die höhere Bildung zu fördern. Man darf fragen, was Texas damals von Universitäten hielt; das geschenkte Land war nahezu wertlos. Das änderte sich 1923: Erdölsucher wurden auf Universitätsland fündig ... Mike Harrison pachtet das Land von der Universität. Diese gibt den Schadenersatz, den die Ölgesellschaft für die Beeinträchtigung des Weidebetriebs bezahlt, an den Pächter weiter, solange dieser das Geld zur Verbesserung der Weide verwendet.

28

Ananaspflanzung auf Lanai, Hawaii/USA. Betriebliche Optimierung bestimmt Optik und Grafik der Plantage: jedes Feld ist doppelt so breit wie der Ausleger der Feldspritzen (zum Versprühen von Dünger und Pflanzenschutzmitteln) und das Förderband der Erntemaschine. Die Rundungen sind auf den Wendekreis der Fahrzeuge abgestimmt. Straßen und Abflußrinnen für Regenwasser mustern den rotbraunen Lehmboden zusätzlich. Die Ananas-Pflanzer Hawaiis befolgen einen dreijährigen Anbauzyklus: die erste Ernte fällt ins zweite, eine zweite ins dritte, dann werden die Pflanzen untergepflügt. Die Verarbeitungsbetriebe – für Ananasscheiben und Ananassaft in Dosen – sollen nur im Sommer für wenige Wochen ihre Tore öffnen müssen. Der Zeitpunkt der Ernte ist daher genau vorausgeplant. Je nachdem, ob beim Neupflanzen des Feldes als Stecklinge Wurzelschößlinge oder «Kronen» (der Blattschopf auf der Scheinfrucht) verwendet werden, reifen die Ananas nach 18 oder 24 Monaten. Eine noch genauere Planung erlaubt das Begasen der Pflanzen mit Äthylen, das die Wachstumsperiode beendet und die Fruchtbildung einleitet. Für Chemie-Muffel: Reifes Obst gibt dasselbe Gas ab; ein Apfel, unter einem Kunststoffsack neben eine Ananaspflanze gelegt, bringt den gleichen Prozeß in Gang.

29
Salzernte in der Bucht von San Francisco, Kalifornien/USA. Die Erntemaschine auf Raupenketten kratzt in den Kristallisationsbecken auf den Millimeter genau 14 Zentimeter Salz vom Schlammboden ab und belädt damit die Feldbahn. An den tiefsten Stellen sammelt sich bakterienrote Rest-Sole.
Die Salzgärten an der US-amerikanischen Pazifikküste erzeugen jährlich gegen 1 Million Tonnen Kochsalz. Davon kommt nur ein Bruchteil als Speisesalz auf den Tisch. Kochsalz, Natriumchlorid, würzt heute überwiegend die Suppe industrieller Anwender; vor allem ist es ein Rohstoff. Undenkbar ohne den Rohstoff Salz (beziehungsweise seinen Chlor-Bestandteil) die Herstellung von Kunststoffen, chemischen Lösungsmitteln, Schädlings- und Unkrautbekämpfungsmitteln. Im Falle des Natriumchlorids trifft eine Nachfrage, von technischen Neuerungen sprunghaft erweitert, auf ein praktisch unerschöpfliches Angebot. In den Adern der industriellen Wachstumsgesellschaft kreist Kochsalz, sein Verbrauch ist einer ihrer Gradmesser. Das Automobil ist bei weitem der hungrigste Salzverbraucher – mit einem jährlichen Pro-Wagen-Verbrauch, der zehnmal so groß ist wie der menschliche Pro-Kopf-Bedarf. Man soll also die Behauptung, Salz sei nicht nur ein Motor der Industrialisierung, sondern auch ein Maß der Zivilisierung ruhig *cum grano salis* nehmen. Das heißt: mit einem Körnchen Salz.

30
Gehöft bei Badajoz, Extremadura/ Spanien. Der Gutsherr züchtet Kampfstiere.

31
Anbauschüssel in dem «Souf» genannten Oasengebiet der Sahara, Algerien. Die Bewohner des Souf profitieren von einem einzigartigen Sickerstrom unter dem Sand. Da das Wasser nicht in Gestalt von Niederschlägen zu ihnen kommt, gingen sie mitsamt den Palmen zum Wasser: sie pflanzten die Bäume auf dem Grund von künstlich ausgehobenen Kratern verschiedener Form, Größe und Tiefe so, daß die Wurzeln der Palmen in das heimliche Naß eintauchen. Es fließt, darum faulen die Wurzeln nicht. Mit gestaffelten Schutzzäunen aus Palmwedeln, die je nach den jahreszeitlich vorherrschenden Winden umgesteckt werden, verteidigen die Dattelbauern die Anbauschüssel ebenso wie die Nebenkrater mit ihren Kuppelhäusern gegen den Flugsand.

32
Nist- und Brutinseln für Wasservögel in der Germantown Marsh bei Moncton, New Brunswick/Kanada. Auf den künstlichen Teichen und Inseln fallen im Frühjahr und Herbst Schwäne und Gänse, vor allem aber Enten ein; benützt werden sie außerdem häufig von Seetauchern, Blesshühnern, Rohrdommeln und Trauerseeschwalben. Anscheinend ist das Angebot offener Wasserflächen zum Balzen und vor Waschbär und Stinktier sicherer Inseln zum Nisten und Brüten nach dem Geschmack der Vögel. Im Jahr 1973, vor der Umwandlung des Sumpfs, zählte man lediglich 13 Brutpaare von vier Wasservogelarten. Jetzt darf man jährlich mit 150 Brutpaaren rechnen. Bis zu zwölf Arten besetzen die gleiche Insel, jedoch dulden darauf Vögel, die keine Koloniebrüter sind, kein zweites Brutpaar der eigenen Art. Derartige mit geheimnisvollen Zeichen beschriebene Feuchtgebiete gibt es heute quer durch Kanada. Die wasserbaulichen Eingriffe finanziert *Ducks Unlimited*, eine Organisation US-amerikanischer Jäger und Naturschützer. Sie hofft mit dem Management von Marsch und Moor unter den Zugstraßen der Wasservögel den Rückgang namentlich der Enten aufzuhalten. Sie handelt ebenso aus jagdlicher Verpflichtung zur Hege wie aus jägerischem Eigennutz.

33

34

36

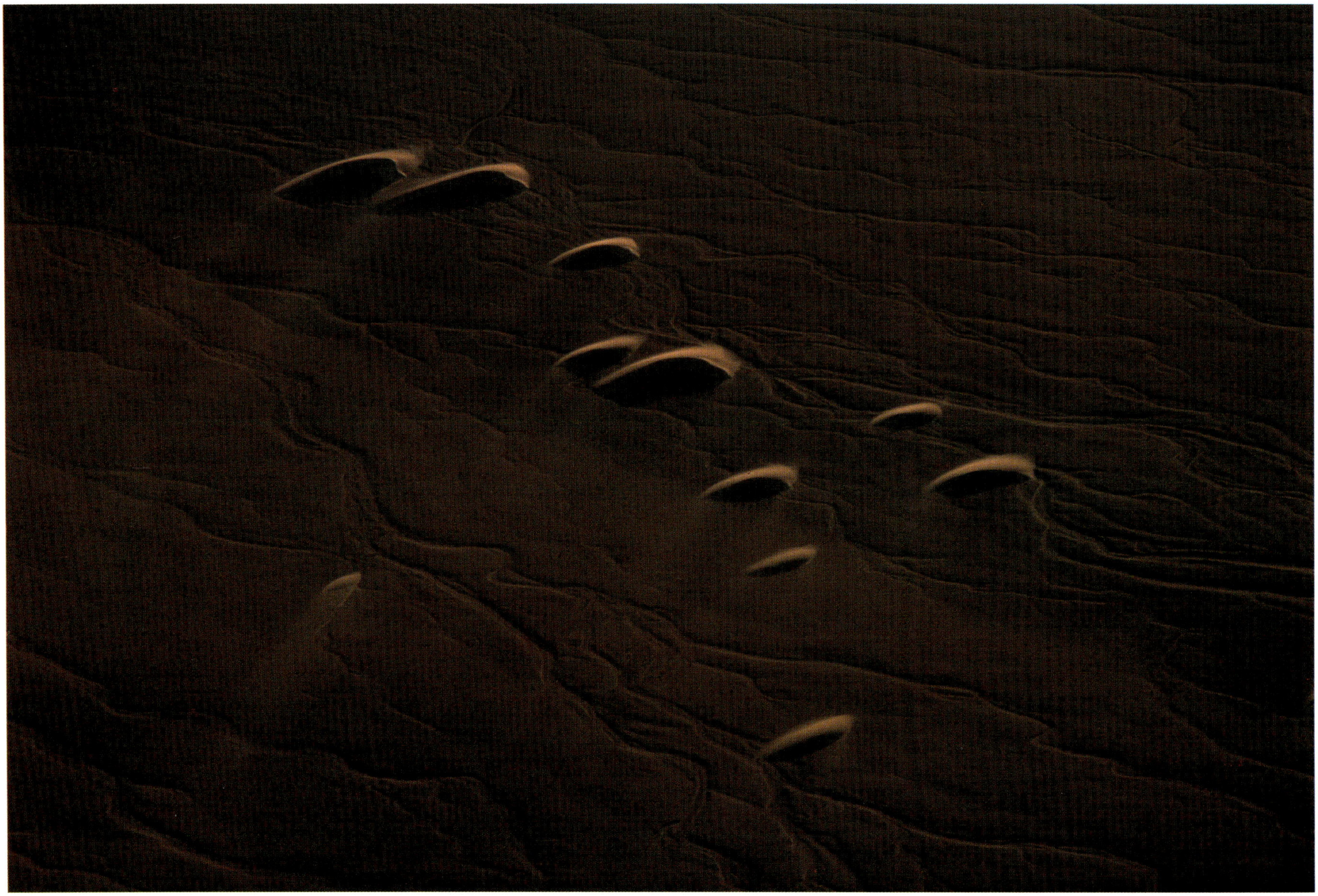

37

38

33

Neuf-Brisach im Departement Haut-Rhin, Frankreich. Der französische Festungsingenieur Vauban plante und baute Neubreisach von 1699 bis 1713. Die mit zwei achteckigen Werken befestigte Stadt ist so gut wie ein Lehrstück über den bastionierten Festungsgrundriß. Beim Innenwerk verbinden fast dreihundert Meter lange Kurtinen acht bastionierte Türme, jeder von Kontergarden und Tenaillen beschützt; beim Außenwerk sind die Lünetten mit Redouten ausgerüstet . . . Nicht umsonst muß die Beschreibung einer damaligen Festung viele Begriffe aus dem Französischen entlehnen, Vaubans Befestigungs- (und Belagerungs-) Kunst dominierte seine und die Folgezeit. Neubreisach als Stadt ist schachbrettmusternüchtern und -funktional. Vauban rechnete kühl; er zählte gern nach und auf, die Statistik ehrt ihn als einen ihrer Begründer. Er leitete 35 Belagerungen, erbaute 33 befestigte Städte und Orte und stellte 300 Forts wieder her. Daneben bewies er auch noch Zivilcourage: mit einer Schrift, die Steuergleichheit forderte, fiel er beim Sonnenkönig in Ungnade.

34

Farm bei Palouse, Washington/USA. Weizen steuert zum Bild das Gold bei, eben gedroschene Trockenerbsen die Silberfäden, Brache das Schwarz, Gras das Grün. Der Bauer hat begonnen, mit einem Meissel-Grubber den Boden aufzureißen und das Erbsenstroh in den Boden einzumischen. Er gibt damit dem Acker einen schützenden Belag gegen die gefürchteten Winterregen und -fröste. Das früher übliche Unterpflügen der Stoppeln ist jetzt als erosionsfördernd verpönt.

35
Mangrove im Nigerdelta, Nigeria. Kein Flußdelta in Afrika ist größer, auch das berühmtere des Nils nicht – und an komplexer Vielfalt steht die Sumpfwildnis an der Mündung des Nigers sogar erdweit einzig da. Ein bis zu 40 Kilometer breiter Gürtel gehorcht dem Regime der Gezeiten: zweimal täglich fällt er trocken, täglich zweimal wird er überflutet. Diese Salzsümpfe sind das Reich der Mangrove, ein Wunder der Anpassung an extreme Lebensbedingungen; über den Schlickböden verschlingen sich die Stelzwurzeln der Roten Mangrove *(Rhizophora racemosa)* – die Niger-Mangrove besteht fast ausschließlich aus dieser Art – zu undurchdringlichen Dickichten. Die Mangrove verdünnt sich, und verkommt gar, wo der Standort für sie zu salzig wird oder die Böden zu sehr aussüßen. Das scheint auf dem Bild der Fall zu sein; der braun getönte Geländebuckel ist offenbar für gewöhnlich dem Gezeitenwechsel entzogen.

36
Bewässerte Weizenfelder bei der Stadt Hamadan, Iran. Das Klima foltert die Kernlandschaft des einstigen Mederreichs mit langen, kalten Wintern und heißen, trockenen Sommern. Das reichliche Wasserangebot aus der Schneeschmelze macht das Gebiet um Hamadan trotz den jahreszeitlichen Temperaturexzessen zu einer bedeutenden iranischen Agrarlandschaft. Die intensive Besonnung ermöglicht während der kurzen Wachstumsperiode sogar zwei Ernten, auf Getreide folgt meist der Anbau von Futterpflanzen. Das Bild läßt an einen Kometen denken. Dessen Kopf, der die schnittreifen Felder wie einen Schweif hinter sich herzieht, bildet ein Tepe – einer jener für die iranische Landschaft charakteristischen Kunsthügel, die schon fast Natur geworden sind. In den Tepes verpappten sich Zivilisationen und Jahrtausende, Lehmbauten auf Lehmbauten, Schicht um Schicht zu Ruinenfladen. Raubgräber auf Schatzsuche haben diesen Tepe – Ringwall und Innenhügel – durchlöchert; die Archäologen werden sich hier einmal mehr mit den Krümeln begnügen müssen, die vom Tisch ihrer Freibeuter-Kollegen gefallen sind. Die Löcher im Gelände sind die Schachtöffnungen eines Qanats, eines horizontalen Brunnens. Die Qanats zapfen das Grundwasser in den Schwemmkegeln am Gebirgsfuß an und leiten es unter Ausnützung des natürlichen Gefälles an die Oberfläche.

37
Wanderdünen in der Atacama-Wüste, Chile. Die Öde zwischen der Küstenkordillere und den Anden ist rekordtrocken. Öfter als daß hier Regen fällt, fällt er aus, manchmal für Jahrzehnte. In der Hafenstadt Iquique, die der Küstennebel, die *camanchaca*, wenigstens im Winter mit Feuchtigkeit verwöhnt, erinnern sich die Ältern mit wohligem Schauder der letzten «Überschwemmung». Das aufsehenerregende Ereignis liegt immerhin eine Generation zurück, es nieselte einen ganzen Tag lang, Häuser wurden sogar im Innern naß. Kunststück, wenn sich niemand die Mühe nimmt, ein schadhaftes Dach auszubessern, wozu denn auch.
Die Furchen im Gesicht der Wüste verraten freilich, daß sie früher öfter in Berührung mit Wasser kam. Was örtliche Niederschläge anlangt, ist «früher» lange her, sicher länger als zehntausend Jahre. Jedenfalls entdeckten Archäologen einen Haufen mit organischem Müll, der sich, an der Oberfläche und weiter nicht geschützt, ohne Zersetzung über Jahrtausende erhalten hatte. Die Abtragung ist vielmehr das Werk der *avenidas de agua*, der Fluten, die nach außergewöhnlichen Niederschlägen in den Anden vom Gebirgsfuß aus begrünend über die Wüste ausfächern. In geschichtlicher Zeit wurden selbst sie seltener und seltener (Bild 115).

38
Waldsee im Banff Nationalpark, Alberta/Kanada. Er erhält sein Wasser bei der Schneeschmelze und von einer Quelle. Der Wasserstand schwankt mit den Jahreszeiten; seicht ist der See allemal, seine Untiefen schimmern grünlich, als ob er an Veralgung litte. Dem ist aber nicht so: er ist kerngesund und im Gleichgewicht, mit einer erfreulich diversifizierten Pflanzen- und Tiergesellschaft, die ihn bei den Seetauchern (die auf ihm nisten) und den Anglern populär machen. Das Inselchen – kiefernbestanden wie die Ufer – hat dem fünfhundert Meter langen Gewässer den Namen gegeben: Island Lake.

39
Der Irrgarten von Longleat House (Bild 82), Grafschaft Wiltshire/ England. In dem 114 m langen und 52 m breiten Heckenlabyrinth säumen 16180 Eiben 2,59 km Pfade; kein anderes Labyrinth ist größer. Überführungen geben ihm sogar einen Hauch von Dreidimensionalität – ein fernes Echo jenes dreitausendkammerigen Ägyptischen Labyrinths, von dem Herodot berichtet.
Greg Bright, ein Punk- und Rockmusiker, hatte mit gezeichneten Labyrinthen weltweit Aufsehen erregt; sein Erfolg stand einer Zeit gut zu Gesicht, die schwankt, ob sie sich psychedelisch verlieren oder ob sie drauskommen will. Diesen heimlichen König der Labyrinth-Macher betraute der Schloßherr von Longleat mit dem Entwurf für einen Irrgarten. Kurz nach der Krönung in Longleat dankte Bright ab und schrieb sich an einer Universität als Student der Philosophie ein. Sicher ein würdiges Exil: Labyrinthe sind ja von jeher auch Sinnbilder für die Sinnsuche und die Selbstfindung auf der Lebenswanderung.
Seit Greg Brights Wirken ist England labyrinthoman. Allein das Jahr 1984 brachte zehn neue Labyrinthe. Zumindest eines wurde seither allerdings auch geschlossen: beängstigend viele Besucher hatten nicht mehr herausgefunden. In Longleat verhindern Notruf-Stationen, daß die «Euphorie der Verwirrung» (Bright) plötzlich in Panik umschlägt. Zudem fahndet jeden Abend die Labyrinth-Patrouille nach Verirrten.

40
Frau Lisa im Gras, bei Alamo, Kalifornien/USA. An drei Dezembertagen hatte Will Ashford die Umrisse der Gioconda mit Pflöcken und Schnur von einer Reinzeichnung auf eine Wiese über der Interstate-Autobahn 680 übertragen. Zuletzt hatte er das ausgesteckte 61 × 43 m große Bild im Gras festgeschrieben – mit zunächst noch unsichtbarer Tinte. Die «Tinte»: Stickstoffdünger. Üppiger und dunkler wachsendes Gras brachte im Frühjahr die Zeichnung an den Tag. Wie auf dem Fotopapier im Entwicklungsbad nach und nach das belichtete Motiv hervortritt, begann für die Pendler auf der Autobahn von einer Böschung ganz allmählich eine weltbekannte Dame mit ihrem linken Mundwinkel zu lächeln. Die Entwicklung besorgten Regen und Sonne. Im Frühsommer erstarb dann das berühmteste Lächeln der Welt wieder, verdorrte und vergilbte – zur Zufriedenheit der Straßenpolizei, die Ashfords Grasfrauen (er düngte später noch Marilyn Monroe auf den gleichen Hang) wenig grün ist. Pendler verlängerten häufig die – bei gesetzlicher Höchstgeschwindigkeit – 37-Sekunden-Vision, indem sie auf dem Pannen- oder Mittelstreifen parkten. Ich kenne keinen zweiten lebenden Dünger-Künstler. Immerhin hat Ashford aber einen Vorgänger: der einfallsreiche Benjamin Franklin überzeugte im 18. Jahrhundert seine Nachbarn von der wachstumsfördernden Wirkung des Kalkes, indem er in großen Lettern und für alle lesbar HIER WURDE GEKALKT in ein Feld düngte.

41
Schnittreifer Weizen bei Lewiston, Idaho/USA. Der dunkle Lößboden in bearbeiteter Sommerbrache umrahmt wirkungsvoll den Feldhasen aus goldenem Winterweizen. Wie kommt ein solches Agro-Bild zustande? Nur der Bauer wüßte es; ich konnte seine Adresse nicht ermitteln. Vielleicht nützte er nur die höchsten Lagen seines Felds und nahm den Rest aus der Produktion, um die von der Regierung für die Verringerung der Anbaufläche ausgesetzten Prämien einzustreichen.

42

Spiral Jetty von Robert Smithson im Großen Salzsee, Utah/USA. Der Erdkünstler Smithson, geboren 1938, schüttete die Spiralmole 1970 auf einem Grundstück an, das er für zwanzig Jahre gepachtet hatte. Als guter Amerikaner führte er Buch, wieviel Material er beim Bau der 150 Meter langen und 4,5 Meter breiten Mole in den See kippte – 6000 Tonnen Basaltblöcke und Uferschutt, 292 Lastwagen voll. Das geheimnisvolle Signal am Nordende des Sees ist wegen der Erhöhung des Seespiegels in jüngster Zeit dauernd überflutet; bei normalem Wasserstand pflegt die Spirale, sobald der See mit den sommerlichen Verdunstungsverlusten schrumpft, trocken zu fallen, die schwarzen Blöcke mit weißen Salzkristallen verkrustet. Gleichzeitig vertieft sich die Rotfärbung des Wassers: mit wachsendem Salzgehalt vermehren sich explosionsartig rote Algen und Bakterien. Die fotografische Dokumentation gibt die Absichten des Künstlers unvollständig wieder. An der Zeichenhaftigkeit seines Werks lag Smithson nur in zweiter Linie; vorab erlebte er daran – oder genauer darauf, beim Abschreiten der Spirale von außen nach innen – Strudel und Sog des Lebens, die sich in einem unumkehrbaren Ablauf spiralig immer schneller auf den Punkt der letzten Wahrheit, des Todes, konzentrieren. Bei der Flug-Suche nach einem geeigneten Standort für ein neues Erdwerk, eine Wendelrampe, stürzte Smithson 1973 über Texas tödlich ab.

43

Streifenanbau auf der Höhenlinie bei Canton, Ohio/USA. Der Bauer hat es nicht auf *Land Art*, sondern auf die Eindämmung der Bodenerosion abgesehen; daher schmiegen sich die Felderstreifen – auf dem einen Mais, Gras und Leguminosen gemischt auf dem andern – den Konturen des Geländes an, mit dem krönenden (Mais-) Punkt auf der Hügelkuppe. Art der Feldfrucht und der eingesetzten Maschinen, Böschungswinkel und Bodentyp bestimmen jeweils die Breite der Streifen. Beim Fruchtwechsel achtet der Bauer sorgfältig darauf, daß nicht zweimal Reihenfrüchte auf benachbarten Streifen wachsen, Soja neben Mais zum Beispiel. Solches Nebeneinander müßte er mit erhöhter Bodenabspülung erkaufen. Die Landnutzung in diesem Teil Ohios, Mais neben einer breitwürfig gesäten Frucht wie Gras oder Klee, schont also den Boden. Freilich wird hier auch der Mais dem Vieh verfüttert – unter energetischen Gesichtspunkten ein verschwenderischer, den Boden unnötig strapazierender Umweg der Nahrungserzeugung.

44

Der Riese von Cerro Unitas in der Atacama-Wüste, Chile. Die durch Abheben von Geröll geschaffene Hangfigur auf dem Cerro Unitas genannten Hügel mißt etwa hundert Meter in der Höhe. Das Bild mag ein Jahrtausend alt oder älter sein; seine weitere Lebenserwartung jedoch ist klein. Es liegt auf einem Übungsschießplatz der chilenischen Luftwaffe; die Piloten benützen es als überlebensgroße Mannsscheibe. Die Hangfigur gehört zu dem rätselhaften Bilderbuch im westlichen Vorland der Anden, dessen berühmteste Seiten die Scharrbilder von Nazca in Peru sind, mehr als tausend Fahrkilometer nördlich des Riesen in der Atacama. Über die Bedeutung der Bodenzeichnungen von Nazca ist sich die Forschung uneins; über den Sinn der Riesenfigur gibt es nicht einmal Spekulationen.

45

Das Weiße Pferd von Uffington, Grafschaft Berkshire, England. Länge über alles: hundertzehn Meter. Im hügeligen Kreideland Südenglands, das die Grasnarbe wie eine Haut überzieht, zeichnete der Künstler durch Abheben von Rasenziegeln. Das Pferd auf der Kante der Berkshire Downs muß wohl mit dem sogenannten Uffington Castle, einer eisenzeitlichen Burg auf der Hügelkuppe unmittelbar über dem Roß, zusammen gesehen werden. Auch ähnlich stilisierte Pferdedarstellungen auf eisenzeitlichen keltischen Münzen plädieren für ein Alter der Darstellung von etwa 2000 Jahren. Das Pferd von Uffington, Vorbild aller andern Weißen Pferde in den Downs, ist das ehrwürdigste der englischen Grasbilder. In einem Traktat des 14. Jahrhunderts über die Wunder Britanniens rangiert es gleich hinter Stonehenge. Ein Zaun schützt jetzt das Pferd vor Souvenir- und Glücksjägern: wer sich dreimal blind in dessen Auge um sich selber dreht, wird – so die Verheißung – Glück erfahren.
Die Pferde in der Kreide sind aus der Luft weithin sichtbare Wegmarken: Karten, die Piloten benützen, verzeichnen sie als Orientierungshilfen. Mit gutem Grund ordnete das englische Kriegsministerium im Zweiten Weltkrieg ihre Verdunkelung an: grüne Farbe, Rasenziegel und Gezweig tarnten sie nach 1940 für die deutschen Flieger.

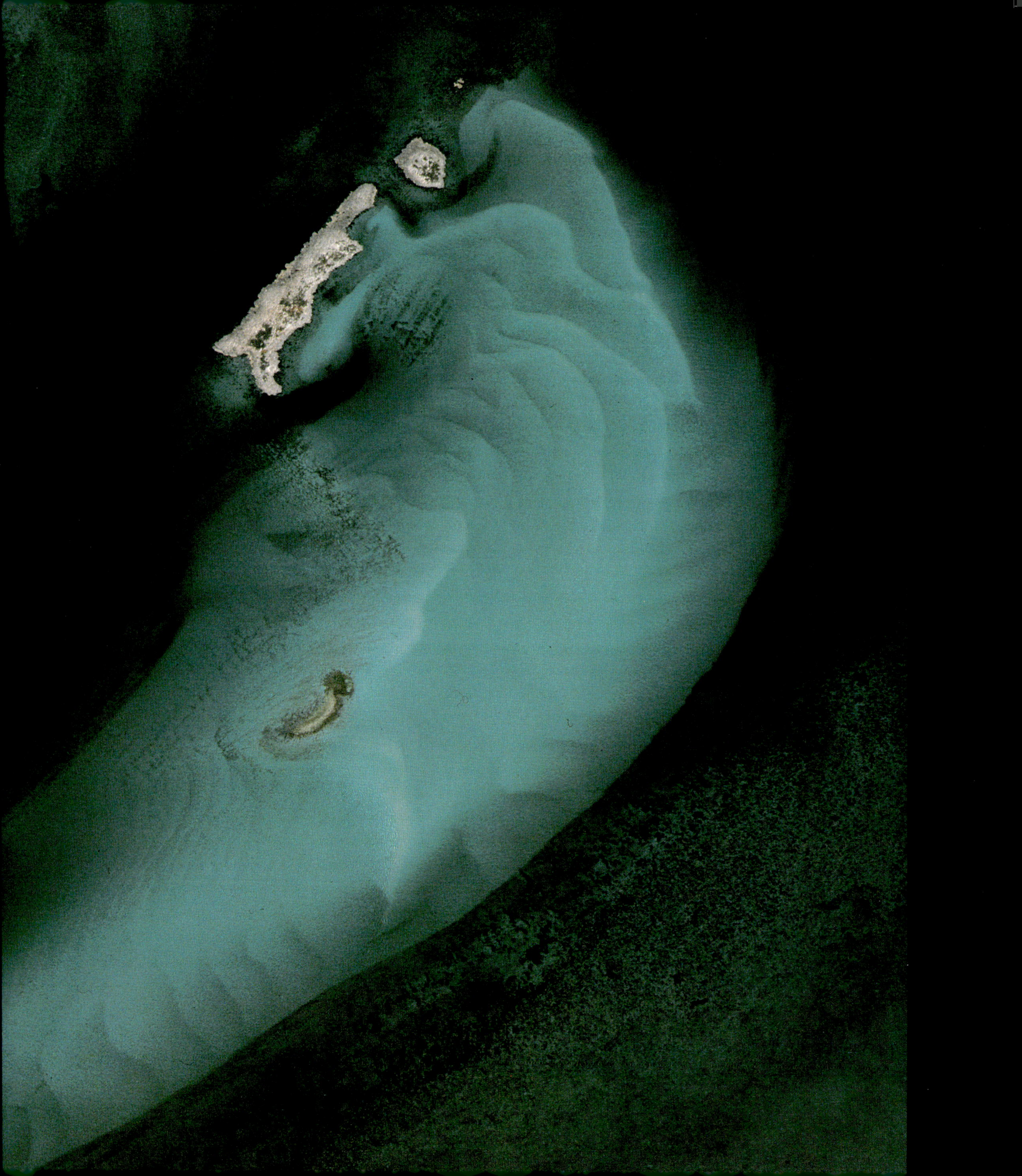

46
Von Christo umkränzte Insel in der Biscayne Bay, Florida/USA. Der Exil-Bulgare hat als Verpackungskünstler begonnen; ins Gerede kam er mit einem Talvorhang, den er in Colorado zwischen zwei Bergnasen ausspannte, und berühmt wurde er mit dem Zaun, den er 37 Kilometer lang durch das kalifornische Hügelland laufen ließ. 1983 versuchte er sich als Einrahmer. Die mangrovenbestandenen, kiefernbewachsenen elf Inselchen in der Lagune zwischen Miami und Miami Beach verwandelte er zehn Maitage lang mit 600000 Quadratmeter flamingorosa Polypropylen-Gewebe in gigantische Seerosen – oder (mit einem Vergleich, der dem Showcharakter von Christos Kunst besser Rechnung trägt) in Balletteusen mit fliegendem Tutu. Für diese «unverantwortliche, irrationale, poetische Geste» (Christo über sein Projekt *Surrounded Islands*) gab der Künstler 3,2 Millionen Dollar aus – wohlgemerkt, aus der eigenen Tasche. Nahezu jeder zehnte Dollar ging an Gutachter, Gerichte und Anwälte: Umweltschützer, die um das Wohlbefinden der Rundschwanzseekühe und der Vögel in der Lagune bangten, hatten Christos Inselblumen bis zum letzten Augenblick bekämpft.

47
Anak Krakatoa in der Sundastraße, Indonesien. Die Vulkaninsel Krakatau explodierte am 27. August 1883, 9 h 58. Der Knall der Explosion drang bis nach Zentralaustralien, aber die dichte Aschenwolke dämpfte ihn für die Anwohner, denen er hätte Warnung sein müssen: in den *tsunamis*, bis zu 40 m hohen Flutwellen, die Javas und Sumatras Küsten verheerten, starben 36000 Menschen. Die Verschmutzung der Stratosphäre mit Asche und Staub bescherte der ganzen Erde für Jahre «zornige Sonnenuntergänge» (Tennyson) und senkte die Temperaturen. Der Krakatau machte Forschungsgeschichte: erstmals wurde unser Planet als ein vernetztes System aus Luft, Land und Wasser nicht nur begriffen, sondern vor allem erfahren. An ihrem Hundertjahrjubiläum war die Krakataukatastrophe wieder beängstigend aktuell – als kleinmaßstäbliches Modell für die Apokalypse eines Nuklearen Winters, hervorgerufen durch Ruß und Staub bombardierter brennender Städte. Übrigens: bereits die Erbauer der ersten Atombombe nahmen heimlich zwei Krakatau-Bücher nach Los Alamos mit.
Aus dem Einsturzkrater ersteht wie der Phönix aus der Asche seiner Selbstverbrennung ein neuer Vulkankegel – Anak Krakatoa, «Kind des Krakatau». Das Kind, nachgerade zu einer Insel von 1,5 km Durchmesser aufgewachsen, muß noch zunehmen, will es ersetzen, was «Vater Krakatau» an jenem Augusttag an Substanz verpulverte.

48
Gosses Bluff bei Alice Springs, Australien. Das Ringgebirge, fünf Kilometer im Durchmesser, galt lange als vulkanischer Sprengtrichter – oder was nach 100 Millionen Jahren Erosion davon übrig ist. Schwerkraftmessungen, radiometrische, seismische und magnetische Untersuchungen sowie Probebohrungen seit 1966 beförderten Gosses Bluff jedoch in den Rang eines «Astroblems», eines Aufschlagkraters, den der Fall eines Riesenmeteoriten oder der Zusammenstoß mit einem Kometen hinterlassen hat. Einige Apollo-Astronauten probten in dem Krater den Mond auf Erden. Letzte Zweifel an einem außerirdischen Verursacher räumte die seitdem gemachte Entdeckung von durch die Stoßwelle bewirkten chemischen und mechanischen Gesteinsveränderungen aus. Gosses Bluff gehört zu den eindrücklichsten, weil wenig vernarbten Wunden, die die Kanonade aus dem Weltraum dem Erdleib geschlagen hat. Möglicherweise ist dieser Beschuß schuldig, oder jedenfalls mitschuldig, am Massentod von Tier- und Pflanzenarten (z. B. dem Aussterben der Dinosaurier), der in Intervallen von 30 bis 50 Millionen Jahren die Evolution des Lebens aufhielt (aber ebenso vorantrieb). Perioden gehäufter Einschläge stimmen mit den Evolutions-Schnitten zeitlich überein. Die Astrotreffer, so eine neue Hypothese, wirbelten Staubwolken auf, die jahrtausendelang das Sonnenlicht aussperrten und viele Lebewesen zum Kältetod verurteilten – wie es auch das apokalyptische Szenario eines nuklearen Schlagabtausches vorsieht.

49
Williamson Reef im Lau Archipel, Fidschi. Das Korallenriff umschließt atollähnlich eine Lagune. Anders als beim klassischen Atoll hat aber an Stelle der Lagune hier nie ein Vulkanberg gestanden; bei Landsenkungsvorgängen sackte lediglich eine Flachinsel ab und ließ ihr Saumriff zurück. Williamson Reef mißt von Außenrand zu Außenrand in der Länge knapp zwei Kilometer.

50
Sandfahne hinter einem Cay auf der Großen Bahamabank, Commonwealth der Bahamas. Ein untermeerisches Gebirge gipfelt hier in 3000 Inseln und Cays, d. h. Klippen, Korallenriffen und Sandbänken knapp über dem Fluthöchststand. Auf den Hochebenen des Gebirges, wenige Meter unter dem Spiegel des Atlantiks, treiben die Gezeiten und Strömungen ihr Spiel mit dem losen Sand.

51
Flugsand bei Pisco, Peru. Die Schöpfungen aus den flüchtigsten Zutaten, Sand und Wind, sind Anschauungsbeispiele für die Auseinandersetzung von Freiheit und Gesetz. Und als solche sind sie wohl, wenn die Abkürzung durch das Labyrinth der Ästhetik gestattet ist, «schön». Aus dem gleichen Grund, gleichsam als Halbzeit zwischen Chaos und Ordnung, sind sie freilich auch «interessant». Um ein besseres Verständnis der Dünen bemühen sich heute Geographen, Physiker, Mathematiker und Geomorphologen vieler Länder. Die peruanische Küstenwüste ist vor allem für die amerikanischen Forscher ein bevorzugtes Studiengebiet.
Der Anstoß zu einer vergleichenden Wüstenwissenschaft ist nicht von dieser Welt. Als sich in Kalifornien auf einem Bildschirm die ersten Aufnahmen formierten, die Viking I von der Umgebung der Landestelle auf dem Mars zurückfunkte, scherzte zuletzt ein Geologe in die Spannung und Stille hinein, wo denn die Kamele blieben – so sehr glich die Marslandschaft einer irdischen Stein- und Sandwüste. Der Versuch, die Sandverwehungen auf dem Nachbarplaneten mathematisch-physikalisch exakt zu beschreiben, hatte eine weitere, allerdings unerfreuliche Entdeckung zur Folge: die Einsicht, wie wenig Genaues wir eigentlich über die Dünenbildung auf unserer Erde wissen.

52
Hochspannungsmast und Ipé-Baum auf einem Acker bei Piracicaba, São Paulo/Brasilien. Der gelbe Ipé ist Brasiliens Nationalbaum. Das unschuldige Bild des Nebeneinanders von Natur und Technik, elektrischer Energie und Baum fährt vielleicht deshalb unter die Haut, weil das Nebeneinander an zu vielen Orten und allzu häufig zu einem Gegeneinander geworden ist.

53
Urwaldstraße in Mato Grosso, Brasilien. Sie ist ein Stück jener zwanzigtausend Kilometer Straße, die Brasilien zur Erschließung und Kolonisation von Amazonien und des Mato Grosso durch Busch und Wald bulldozte.
Das Flugbild von ihr gehört zu den Reiz-Bildern einer sich wandelnden Zeit – und hat daher zugegebenermaßen nicht immer zum Gleichen gereizt. Es ist ja noch nicht lange her, da schlug das Herz höher angesichts der Pioniere, die sich Bahn brachen in den Dschungel; jetzt steht es still. Selbst manchem Brasilianer ist die Traumstraße zum Alptraum geworden. Der letzte ursprüngliche Großraum der Erde, das ergiebigste Sauerstoff- und Süßwasserreservoir des Planeten, ein noch gar nicht völlig durchforschtes genetisches Schatzhaus kommt unter die Raupen und die Räder. Und nicht genug der Sünden gegen ökologische Vernunft. In Verletzung der Menschlichkeit gerät die Kolonisation zu Kolonialismus der perfiden Art: Die Zivilisationswalze fährt brutal über die waldbewohnenden Indianer hinweg.

54

Felderviereck bei Dubbo, New South Wales/Australien. Im Juni, also im tiefsten Südwinter, bestellt der Bauer mit einem Feingrubber das Feld saatfertig; das Gerät lockert den Boden auf, verfeinert ihn und vertilgt gleichzeitig das Unkraut. Er bearbeitet den Acker von außen nach innen. Dank Knicklenkung kann der Traktor in einem rechten Winkel wenden; Wendeschleifen ohne Knicklenkung beschwören die Gefahr von Bodenverdichtungen herauf. Am Ende holt der Bauer noch die Diagonalen nach, kreuz und quer über sie fahrend.

55

Der Zendan-i Suleiman («Gefängnis Salomos») in einem Hochtal der Provinz Aserbeidschan, Iran. Eine mit Gasen angereicherte Quelle hat durch Kalkniederschlag den Kegelberg hundert Meter hoch aufgebaut; der fast kreisrunde, 70 Meter weite Krater des Quelltopfs enthielt ursprünglich einen See. Der Zendan trug schon im 8. Jahrhundert v. Chr. am oberen Rand ein Heiligtum: ein Raumkranz unterhalb der Kultterrasse sperrte vermutlich für Profane den Zugang zu dem heiligen Quellsee. Als dieser sich zurückzog, wurde möglicherweise die Verehrung auf einen zweiten Kegelberg in der Nähe, den Takht-i Suleiman («Thron Salomos»), übertragen. Der Zendan mauserte sich zeitweilig zu einer teilweise auch am Fuß befestigten Wehrsiedlung. Örtliche Legende verknüpfte später den Quelltopf mit König Salomo. Heute meiden die Anwohner den Zendan als den Sitz böser Geister.
Wahrscheinlich warfen die Priester des Heiligtums Opfergaben in den Quellsee. Die Archäologen brannten darauf, dieses vorgeschichtliche Sparschwein auszuschlachten. Deutsche Bergleute verschafften ihnen mit einem Stollen Zugang zum Boden des Quelltopfs. Aber das Ersparte, woraus immer es besteht, widerstand dem Angriff von Hacke und Schaufel: die Sinterablagerungen des Sees haben die Füllung versteinert.

56

Volleyball- und Basketballspieler einer Highschool bei Santa Barbara, Kalifornien/USA. Ein Ball geht eben in den Korb. Die Bodenzeichnungen begrenzen und unterteilen die Spielfelder gemäß den Spielregeln, die gelben für Volleyball, die weißen für Basketball.

57

Heißluftballons vor einem Massenstart in Albuquerque, New Mexico/USA. Die Luft über Albuquerque ist zwar stark «eisenhaltig» (womit die nicht ganz so tollkühnen Männer in ihren fliegenden Körben auf den belebten Flughafen und einen Luftwaffenstützpunkt nahebei anspielen), aber die kühlen, mit mildem Wind und unbeschränkter Sicht gesegneten Frühen sind Gegengründe genug – und verständnisvoll verlangen die Flugkontrolleure, die zivilen und die militärischen, ja auch mal einem Stück Eisen einen Umweg ab: an Teilnehmerzahl ist daher das jährliche Oktobermeeting der Montgolfieren in Albuquerque unübertroffen. An den beiden Weekends wird die Ballonsportwoche jeweils zur Fiesta: fauchende Brenner schwellen die Nylonwüste gleichzeitig, und in einem spektakulären Massenaufstieg entschwebt ostereibunt die ganze Armada auf einmal.
Albuquerque nennt sich Ballon-Welthauptstadt. Immerhin verzichtete es schon 1882 zwei Tage lang auf die Versorgung mit Gas, um einem Mitbürger den Aufstieg in einer Charlière zu ermöglichen. Seine Ballonbürger verwöhnten es in jüngster Zeit mit Erstleistungen. Drei Albuquerquer überquerten im Ballon den Atlantik. Einer von ihnen, Anderson, überflog später im Ballon nonstop Nordamerika; die beiden andern, Abruzzo und Newman, bezwangen im Ballon den Pazifik. Anderson und Abruzzo träumten vom Hattrick, der Umrundung der Erde im Ballon, aber Flugunfälle forderten beider Leben.

58
Herbstwald bei St. Johnsbury, Vermont/USA. Wenn am Himmel die V-Formationen der ziehenden Kanada-Gänse erscheinen, kriecht die Laubverfärbung wie Feuer ohne Flammen südwärts. In den Laubwäldern Neuenglands stehen besonders viele Baumarten, die aus dem Blattzucker rote Blattfarbstoffe (Anthocyane) bilden können. Dazu schafft der *Indian Summer* klimatisch die beste Voraussetzung für die Anthocyan-Erzeugung: nach dem ersten Frost setzen sonnige Tage die Chlorophyll-Fabrik im Blatt nochmals in Betrieb, gleichzeitig aber verhindern kalte Nächte, daß der gebildete Zucker aus dem Blatt in den Baum abtransportiert wird. Die Oktober-Palette des europäischen Laubwalds ist im Vergleich weniger bunt. Unserem Altweibersommer fehlt es an Biss. Und die Vergletscherung während der letzten Eiszeit hat in Europa Laubbaum-Arten ausgerottet, die in Nordamerika überlebten, indem sie nach Süden auswichen. Dazu gehören viele Eichen- und Ahornarten, unter den letzteren der Superstar des neuenglischen Herbstwaldes: der Zuckerahorn. Nun holt freilich derzeit der Mensch nach, was die eiszeitlichen Gletscher nicht vermochten. Saurer Regen und Schwermetalle bedrohen auch die Forste Neuenglands mit Verwüstung – und unter den Laubbäumen scheint ausgerechnet der Zuckerahorn ein bevorzugtes Opfer zu sein.

59
Der Friedhof der Stadt Portsmouth, New Hampshire/USA, im Farbaufruhr des neuenglischen Herbstes. Der Zuckerahorn trägt oft gleichzeitig Gold und Karmin: gelb prangt er auf seiner Schatten-, rot auf der Sonnenseite. Die Ureinwohner Nordamerikas wußten ehedem genau, warum im Indianersommer die Laubwälder im Nordosten des Landes sich blutrot verfärben: Der Himmlische Jäger hatte den Großen Bären erlegt, sein Blut tropfte auf Berg und Tal. Der Farbrausch der Bäume ist offenbar völlig zweckfrei: soweit sind sich die Forscher einig, die heute den Gründen und Mechanismen des Laubwurfs und der Blattverfärbung nachspüren. Die Herbstverfärbung bringt dem Baum keinerlei Vorteile, weder dem Individuum noch der Art. Sie ist ein Abschied in Anmut und Schönheit, eine Gebärde leuchtender Nutzlosigkeit.

60
Blühende Kirschbäume bei Benton Harbor, Michigan/USA. Sie werden Sauerkirschen (Schattenmorellen) vorab für die Konditorei tragen. Michigan ist der bedeutendste US-Erzeuger von Sauerkirschen. Rationalisierungswille erzwingt – im Gegensatz zum europäischen Streuobstbau – pflegeleichte halbstämmige Intensivkulturen. Zehn Tage vor der Ernte werden die Kirschen mit einem Wachstumbeschleuniger gespritzt, der die Verkorkung des Stilansatzes vorantreibt. Die Erntemaschine, der Kirschenschüttler, hat dann leichteres Spiel: mit hochfrequenten Püffen traktiert, regnet der Baum nach Sekunden seine Früchte ab. Die unterschiedliche Wuchshöhe der Bäume auf dem Bild signalisiert Altersunterschiede von etwa drei Jahren. Naßstellen reißen da und dort Lücken in die stramme Ordnung der Plantage; Kirschbäume reagieren empfindlich auf Staunässe und einen zu hohen Grundwasserspiegel. Die Nähe zum Michigansee verschafft den Kirschbaugebieten im Normaljahr einen unschätzbaren Standortvorteil: die Wassermassen des Großen Sees speichern Wärme und verhindern Fröste.
Über *peak color*, den Höhepunkt der Herbstverfärbung in den neuenglischen Wäldern, berichten atemlos Hörfunk und Fernsehen; sie mobilisieren Blechkarawanen aus den Großstädten. Der Rummel um die Kirschblüte in Michigan ist gedämpfter, ihr Höhepunkt aber ist womöglich noch flüchtiger – der «Knabenmorgenblütentraum» wird in manchem Jahr an einem einzigen (April-)Tag wahr.

61
Streudorf zwischen Natronsee und Serengeti, Tansania. Die Bewohner haben das Gelände zwischen den Hütten und Häusern mit einem Wegnetz überzogen, das viel über ihre Beziehungen zueinander verrät; zu dem Einsamen führt keine Straße. Kommunikationsforscher, Sozialwissenschaftler und Völkerkundler studieren heute angelegentlich auch die Pfade, die das Trampeltier Mensch dem Boden einprägt.

62
Das Dorf Labbézanga auf einer Insel im Niger, Mali. Perlenschnüren gleich schlingen sich die Getreidespeicher durch die Dorflandschaft. In den Speichern halten sich Hirse und Reis immerhin bis zu drei Jahren, sofern bei anhaltender Saheldürre die Ernte groß genug ist, um sie zu füllen. Die amphorenförmigen Behälter aus Lehm, manche hüttenhoch, werden durch eine obenseitige Öffnung gefüllt und geleert; Steinplatten und Steinsplitter, die wie Stacheln aus dem Speicherleib herausragen, erleichtern das Erklettern. Die Dörfler, seßhaft gewordene Angehörige des Songhai-Volks, bewohnen in der Mehrzahl noch das hier traditionelle Rundhaus aus Lehm mit einem halbkugeligen Strohdach. Indes ist auch in Labbézanga das Terrassendachhaus aus der Formenwelt islamisch-arabischer Architektur im Vormarsch: sein Besitz erhöht das gesellschaftliche Ansehen. Weshalb ich mich in der Fundsache Labbézanga wie ein Kolumbus fühle, habe ich in der Einleitung zu diesem Buch erzählt. Über «das schönste Dorf Afrikas» hinaus ist Labbézanga außerdem – so befand der Kybernetiker Frederic Vester – ein Parade-Anschauungsbeispiel für ein vernetztes System. Für die bescheidenen Labbezanger fast zuviel der Ehre!

63
Salzpfannen bei Foundiougne, Senegal. Die Anwohner graben nach den Großen Regen, in den Monaten November und Dezember, im Mündungsgebiet und Sumpfdelta des Saloum möglichst kreisrunde Bekken. Den Aushub häufen sie um die Becken an. Wenn der Saloum bei der nächsten Springflut des Meeres, das nur einige Kilometer entfernt ist, besonders hoch steigt, läuft durch eine Bresche im Randwulst das brackige Wasser in die Becken ein. Sobald das Hochwasser sich zurückgezogen hat, machen die Salzgärtner die Bresche dicht. Die Sonne saugt in wenigen Monaten die Bekken leer und läßt auf deren Grund das Salz zurück. In der Zeit zwischen den Großen Regen kann dreimal geerntet werden.

64
Fischfallen in der Laguna de Bay auf Luzon, Philippinen. Nicht nur die Pfeilfalle – mit einer Reuse an der Spitze – stellt den Fischen nach. Auch die freischwimmenden kreisrunden Matten aus Wasserhyazinthen ködern die Milchfische und Tilapien. Sie suchen dort Zuflucht vor der Sonne; dort gehen sie zur Weide und oft auch in das Netz. Mit dem Auslegerkanu besucht der Fischer regelmäßig diese Vegetationsinseln, die wie Pokerchips am Rande der Lagune liegen, und sammelt seine Beute ein. Die Laguna de Bay, der größte Süßwassersee auf Luzon, ist heute eine einzige hochertragreiche Aquafarm.

MICHIGAN
UCLA

67

68

69

65

Die Bingham Canyon Mine, Utah/USA. Sie ist das älteste Kupferbergwerk, in dem das Erz im Tagbau gewonnen wird; sie ist der größte einzelne Bergbaubetrieb überhaupt; aus ihr kam mehr Kupfer als aus irgend einer andern Grube; dazu ist sie auch noch die größte Ausgrabung von Menschenhand, der Aushub des Panamakanals hätte in ihr mehr als fünfmal Platz. Kurz: die spektakulärste Erzgrube auf dem Planeten. Sie ist vier Kilometer lang und achthundert Meter tief; im Winter fällt auf ihrem Rande Schnee, wenn es auf ihrer Sohle regnet. Auf den Bänken des Amphitheaters, die bis fünfzehn Meter hoch und bis siebenunddreißig Meter breit sind, verkehren die Erzzüge und Autoschütter. Die Beförderungsleistung in vierundzwanzig Stunden kann an einem Rekordtag 579000 Tonnen übersteigen – auch das eine Weltbestleistung. Seit 1904 wurden der Grube fast 4,5 Milliarden Tonnen Gestein entnommen und aus dem Erz 11,5 Millionen Tonnen Rohkupfer erzeugt.

Das gigantische Amphitheater und die gargantuelischen Verlade- und Transportgeräte erklären sich aus dem sehr niedrigen Kupfergehalt des abgebauten Erzes und dem ungünstigen Verhältnis zwischen Erz und Nebengestein. Bis in die allerjüngste Zeit machten die Förderung gewaltiger Mengen Erzes und äußerste Rationalisierung bei seiner Aufbereitung die Handicaps wett; im Frühjahr 1985 wurde jedoch das Bergwerk für unbestimmte Zeit stillgelegt, vielleicht für immer.

66

Footballspiel in Pasadena, Kalifornien/USA. Das traditionelle Match am Neujahrstag hat 104991 Zuschauer auf die Räder und ins Rose Bowl-Stadion gebracht.

Ebenfalls in Pasadena, unweit des Stadions, krakeln tagein tagaus Schreibstifte auf Endlosformularen: viele hundert Seismometer beliefern dauernd die Erdbebenwarte des California Institute of Technology aus ganz Südkalifornien mit ihren Meßdaten. Im Untergrund tickt die Zeitbombe eines Großbebens, noch vor Ablauf eines Vierteljahrhunderts – so glauben Geophysiker – wird sich der San Andreas-Bruch in seinem Südabschnitt «entspannen» – womöglich mit katastrophalen Folgen für Los Angeles und seine Satellitenstädte. Für die Stunde X, in der die Erschütterung die Schreibstifte in der Bebenwarte von den Registriertrommeln schleudern wird, hoffen die Notfallplaner wenigstens auf ein leeres Stadion.

67
Das wikingische Standlager Trelleborg bei Slagelse auf Seeland, Dänemark. Ein kreisrunder Wall – mit 68 Metern Innen- und 86 Metern Außenradius – umschließt die Hauptburg. Die Abweichung des Kreises vom Ideal beträgt nur wenige Zentimeter. Diese Genauigkeit läßt sich freilich unschwer erreichen, indem man eine Schnur hindernisfrei rund um einen Pflock führt. Doch beweist die Innenaufteilung der Burg, daß hier Meister mit der Meßlatte und im Setzen von Markierungspflöcken am Werk waren. Ein Wegkreuz, den vier Toren entsprechend, viertelte den Innenraum. In jedem Viertelkreis umstanden vier ellipsenförmige, schiffsgestaltige Bauten quadratisch einen Hof. Zum Ringwall-Heerlager gehörte eine Vorburg, deren Bauten, ebenfalls schiffsgestaltig, radial auf die Hauptanlage zugeordnet waren. Trelleborg hatte, als es um die Jahrtausendwende entstand, noch direkten Zugang zum Meer und wurde vermutlich von einer Heeresabteilung als Garnison benützt. Die Wikinger bauten unter Sven Gabelbart (986–1014) noch mehr solcher Ringwälle mit Truppenunterkünften. Die mathematische Strenge, die sie auf die Anlagen verwendeten, teilt etwas vom Geist der wikingischen Ausbilder auf dem Kasernenhof mit. Die Rundstadt, durch ein Straßenkreuz geviertelt, ist ein ehrwürdiger Stadtplan, fast schon ein urbanistisches Mandala (Bild 73). In dem Grundriß der Wikinger Festung erscheint dieser archetypische Stadtplan wie zu einem einzigen Zeichen verdichtet.

68
Sommerhäuser in Brøndbyvester, Dänemark. Die Sommer- und Wochenendkolonien bei Kopenhagen nehmen sich aus wie Blütendolden am Autobahnstiel. Mittelpunkt, sozusagen der Boden jeder Blüte, ist der Parkplatz – und jede Blüte damit so etwas wie die Perversion der klassischen Wagenburg: die Menschen und die aus ihren Häusern und Gärten bestehende Verschanzung schützen die Wagen. Die Gemeinde überließ der dänischen Gesellschaft für Schrebergarten-Häuser befristet das Land zum Bau der Siedlungen; nach längstens dreißig Jahren erlischt das Pachtverhältnis und muß das Areal der Gemeinde in guter Ordnung wieder zurückgegeben werden. Die Häuser dürfen im Sommer dauernd, im Winterhalbjahr jedoch nur am Wochenende benützt werden.

69
Die Verdunstungsspirale *El Caracol* («die Schnecke») bei Mexico City, Mexiko. In ihr konzentriert die Sodafabrik von Texcoco mit Hilfe von Sonnenschein die aus dem Untergrund geförderte Sole. Diese legt, dem Gefälle folgend, die 32 Kilometer bis in den Mittelpunkt der Spirale in etwa einem halben Jahr zurück und verdoppelt dabei ihre Dichte. Aus der Mitte wird sie in das Werk am Rande der Schnecke gepumpt. Die Fabrik gewinnt aus der Salzlösung die Soda; auch Kochsalz fällt an.
Die Schnecke liegt auf dem Gebiet des Texcocosees, eines von fünf Seen im Hochtal von Mexiko, die noch bei der Ankunft der Spanier in der Regenzeit zu einer einzigen Wasserfläche, dem «See des Mondes» der Azteken, zusammenflossen. Heute ist der Texcocosee zur Trockenzeit eine trostlose, heiße Staubebene, zur Regenzeit ein Sumpf. Die hohe Verdunstungskraft der Sonne und der Umstand, daß der Texcocosee einst die tiefste Stelle des Beckens einnahm, erklären die Vorräte an Salzen auf seinem Gebiet.

70
Solar One, das weltgrößte Sonnenturmkraftwerk in der Mohave-Wüste bei Barstow, Kalifornien/USA. 1818 Spiegelsysteme (Heliostaten) beheizen mit Sonnenschein den Dampferzeuger auf einem 86 Meter hohen Turm. Am Fuß des Turms: Dampfturbine, Generator, Wärmeaustauscher, thermischer Speicher, Kontrolleinrichtungen. Nennleistung: 10 Megawatt. Das Spiegelfeld ist elliptisch – 578 Heliostaten in den beiden südlichen Quadranten, 1240 Heliostaten in den beiden nördlichen Quadranten – weil das Kraftwerk nicht auf dem Äquator steht. Um dem Sonnenlauf folgen zu können, sind die Heliostaten um zwei Achsen schwenkbar. Ein Computer errechnet den Stand der Sonne gemäß Jahres- und Tageszeit alle paar Sekunden neu und steuert entsprechend die Heliostaten. Diese kehren in Notfällen, etwa bei Sturmwarnung, im Schnellgang in ihre Schutzstellung zurück, Spiegelflächen nach unten gerichtet. Die Energie von Überschußdampf wird gespeichert. Knipst eine Wolke die Sonne aus, hebt das Kraftwerk Energie für die Dampferzeugung bei seiner Wärmebank ab. Genau gleich nach Sonnenuntergang. Selbst wer nicht grundsätzlich jedem technischen Superlativ gram und jeder Alternative grün ist, hegt Zweifel. Der Sonnenstrom aus Solar One ist sündenteuer. Hinzu kommt der ungünstige «Erntefaktor»: während der geplanten Lebensdauer wird das Kraftwerk kaum die Hälfte der Energie erzeugen, die für die Herstellung seiner Materialien (Stahl, Beton, Glas) hat aufgewendet werden müssen.

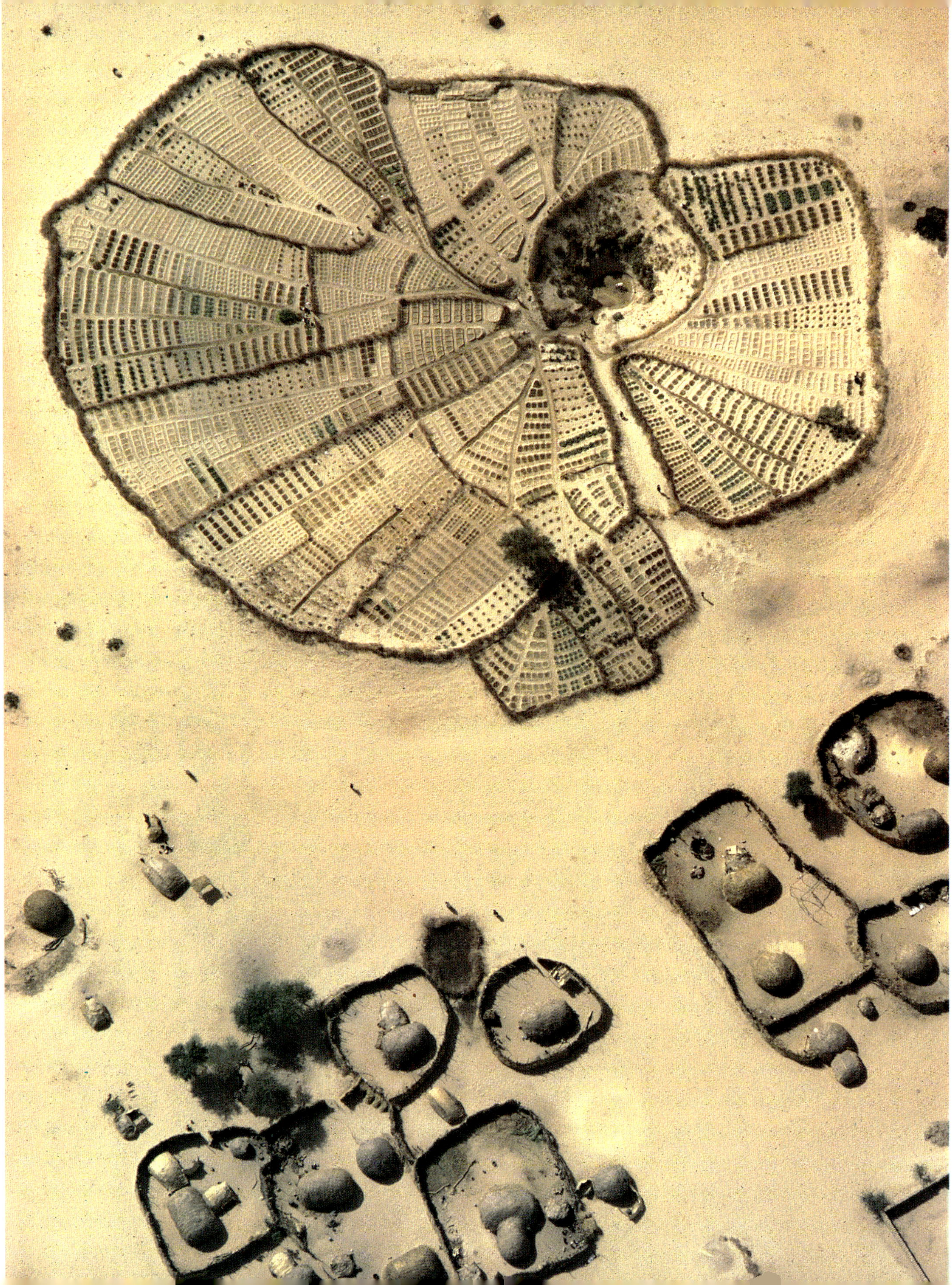

72

73

75

76

71
Trichtergarten bei Timbuktu, Mali. Die Beete für Kürbisse, Tomaten, Eßzwiebeln und Kautabak liegen gleichsam auf den Rängen eines Amphitheaters, das zu dem Grundwasserloch absteigt. Die Bewässerung der Pflanzen erfolgt im Handbetrieb, mit Schöpfeimern aus Ziegenleder. Der Brunnen zapft einen der Grundwasserflüsse an, die von dem hier etwa zehn Kilometer entfernten Niger her unter der Wüste sich verzweigen. Der Grundwasserspiegel schwankt jahreszeitlich im Einklang mit dem Wasserstand des Mutterstroms. In Normaljahren füllt der Niger bei Hochwasser das Wasserloch zu einem kleinen See auf, bis an den Rand der untersten Gartenbeete. Während nahezu fünfzehn Jahren Saheldürre hat er aber die Gärtner (aus dem Stamm der Songhai) mehrmals ganz im Stich gelassen.

72
Kreisberegner bei Yuma, Arizona/USA. Auf den Kreisfeldern – jedes 58 Hektaren groß – wächst Luzerne, die pro Jahr bis zu neunmal geschnitten werden kann. Der Schwenkarm eines Bewässerungskarussells – *center pivot irrigator* im Fachwelsch – fährt mit jeder gewünschten Geschwindigkeit; auch spart er unter Umständen programmgemäß einen Sektor aus, etwa wenn der Kreis ein Hindernis wie das Haus einschließt. Neueren Systemen gelingt sogar die Quadratur des Zirkels: in den für ältere Anlagen unerreichbaren «toten» Ecken schwenkt vorübergehend ein zusätzliches Glied des Schwenkarms aus und bewässert das Viereck fast voll.
Der im Jahre 1952 patentierte Kreisberegner bestimmt heute das Gesicht der amerikanischen Agrarlandschaft mit. Allerdings sehen Landwirtschafts- und Bodenspezialisten die grünen Oasen in den Trockengebieten nicht mit ganz ungetrübter Freude: Kreisberegner sind wasserintensiv – und wo fossiles Wasser «abgebaut» wird, pumpen die Anlagen im ungünstigen Fall den Untergrund bald leer. Und eine weitere Bedenklichkeit: die Geländegängigkeit des vielgelenkigen Schwenkarms verleitet zum Einsatz auf steilen Hängen, mit verheerenden Bodenschäden durch Erosion. Außerhalb Nordamerikas ist mit noch anderen möglichen Nebenwirkungen zu rechnen: in Südafrika etwa entpuppten sich Kreisberegner als ideale Winterquartiere für Wanderheuschrecken.

73
Stadt und Insel Mexcaltitán, Nayarit/Mexiko, in einer Lagune an der Pazifikküste. Der Flachsee wimmelt von Krabben, Garnelen und Fischen: Hauptnahrungs- und Haupteinnahmequelle der 2000 Einwohner. Die Besiedlung der Insel reicht weit in vorkoloniale, vorspanische Zeit zurück. Einige Forscher neigen sogar dazu, Mexcaltitán mit Aztlan gleichzusetzen, der Urheimat der Azteken (= «Leute von Aztlan»), bevor diese ihre geschichtlichen Wohnsitze im Hochtal von Mexiko bezogen. Aztekische Ursprungs- und Wanderungssagen raunen von einer Insel mitten in einem Binnensee, einem Paradies der Fischer und Wasservogeljäger. Gewiß ist, daß in dem Städtchen zäh die Erinnerung an die Verehrung des Mondes fortlebt, Mittelamerikas ältester Kult. Und daß seine Bewohner von dem mystisch-mythischen Sinngehalt des Siedlungsplans bis heute durchdrungen sind: Mexcaltitán ist für sie der Mittelpunkt des Universums. Das Kreuz, das vier Gassen der den Ortskern einschließenden Ringstraße einbeschreiben, spiegelt die Teilung des Himmelsgewölbes in die «vier Ecken der Welt».
Das Bewußtsein für ihre Verankerung im Kosmos hinderte die Einwohner nicht, zeitweilig mit dem Gedanken einer Brücke oder eines Dammes zu spielen, um die Insel am Festland zu vertäuen – aus purer Gefälligkeit für unsportliche Besucher, die sich in leckenden Booten die Füße nicht naß machen mochten. Die Regierung untersagte das Vorhaben.

74
Qaleh-i Gird («runde Festung») in der Sistan-Wüste, Iran. Die archäologisch bisher nicht untersuchte Anlage ist wahrscheinlich islamischer Herkunft. Im Flugbild deutlich erkennbar sind die Bastionen der Rundmauer (zur flankierenden Bekämpfung des Angreifers) und eine nahe dem Kreismittelpunkt errichtete Innenfestung. In dem vom Sand fast freien Kreissektor könnte die Garnison untergebracht gewesen sein. Wandernde Barchan-Dünen (dazu Bild 4) decken Qaleh-i Gird wechselnd auf und zu. Sistan steht unter der Fuchtel des «Windes der 120 Tage». Nicht umsonst weisen die ältesten Nachrichten über Windmotoren, zum Mahlen von Korn und Heben von Wasser, nach Sistan. Der «Wind der 120 Tage» bläst unablässig von Ende Mai bis Ende September aus Nordnordwesten, oft mit Orkangewalt, in der Spitze mit 200 Stundenkilometer Geschwindigkeit. Ruhelos peitscht er den Flugsand voran.
Im iranischen Hochland ist die Idee der Rundstadt als Abbild des Kosmos seit dem 1. vorchristlichen Jahrtausend bodenständig. Darf man also auch für diesen islamischen Nachzügler himmlische Beziehungen in Anspruch nehmen? Man darf. Aber man muß nicht. Schon Erwägungen reiner Zweckmäßigkeit rechtfertigen den kreisrunden Grundriß: mit der kürzesten Mauer schützt man die größte Fläche.

75
Der Stern von Ensérune, Departement Hérault/Frankreich. 1247 erlangten drei Feudalherren aus der Umgebung von Montady und der Notar von Béziers von dem für das Wasser zuständigen Erzbischof von Narbonne die Erlaubnis, den Etang de Montady auszutrocknen und in Kulturland überzuführen. Die Strahlen des Feldergestirns, das sich aus dem Meliorationswerk ergab, sind Entwässerungsgräben. Optische und technische Wirkung der Anlage widersprechen sich also: der Meliorationsstern zerstreut nicht; vielmehr sammelt er. Die Dränwässer fließen, dem Gefälle der Gräben folgend, in einen Sammler im Mittelpunkt; von dort leitet sie ein Kanal, in einem Stollen den Hügel von Ensérune unterquerend, in einen benachbarten Etang (Flachsee) ab. Ein Statut legt Rechte und Pflichten der Besitzer des Neulands fest; seit dem 13. Jahrhundert wurde an ihm kein Iota geändert. Das *Syndicat Agricole* von Montady/Ensérune ist das älteste Frankreichs, eines der ältesten in Europa. Der Felderkreis ist leicht oval, eine Folge des Geländes. Durch Breiter- oder Schmälerwerden tragen dem die einzelnen Kreissektoren Rechnung: alle Parzellen sind gleich groß. Auf der über 500 Hektar großen Kreisfläche wachsen Reben, Tomaten, Mais, Sorghum und Luzerne.

76
Der Moschav Nahalal, Israel. Auf dem Außenkreis der Siedlung leben die Bauern, ihnen gegenüber, auf der andern Seite der zwei Kilometer langen Ringstraße, die im Dienstleistungssektor beschäftigten Mitglieder der Gemeinschaft. Im Mittelpunkt des Kreises stehen Verwaltungsgebäude und von den Bewohnern gemeinsam benützte Anlagen. Israels ältester Moschav – der Moschav als Kooperativdorf landbesitzender Kleinbauern im Unterschied zum Eigentums- und Produktionskollektiv des Kibbuz – betont mit der sinnträchtigen Kreisform (Bilder 67 und 73) die Gleichheit seiner Mitglieder: jeder Nahalali hat gleich weit zu seinem Feld. Der Kreis empfahl sich außerdem durch praktische Vorteile: kostengünstigere Infrastruktur, erhöhte Sicherheit. Die Nahalalim züchten heute vor allem Truthühner.
Die Gründer des ersten Moschavs hatten 1921 im westlichen Jezreel Tal einen sumpfigen, malariaverseuchten Standort gewählt, der ihren Pioniergeist herausforderte. Die mühsame Entwässerung und den Straßenbau gaben sie allerdings, in Verletzung der Moschavideologie, bei andern in Auftrag; dieser Sündenfall wurmt die Nahalalim bis heute. Dem kreisrunden Siedlungsplan – einem Vorschlag des Architekten Richard Kaufmann – stimmten sie 1922 erst nach einigem Zögern zu: der Kreis verbarrikadiert Wachstum nach außen.

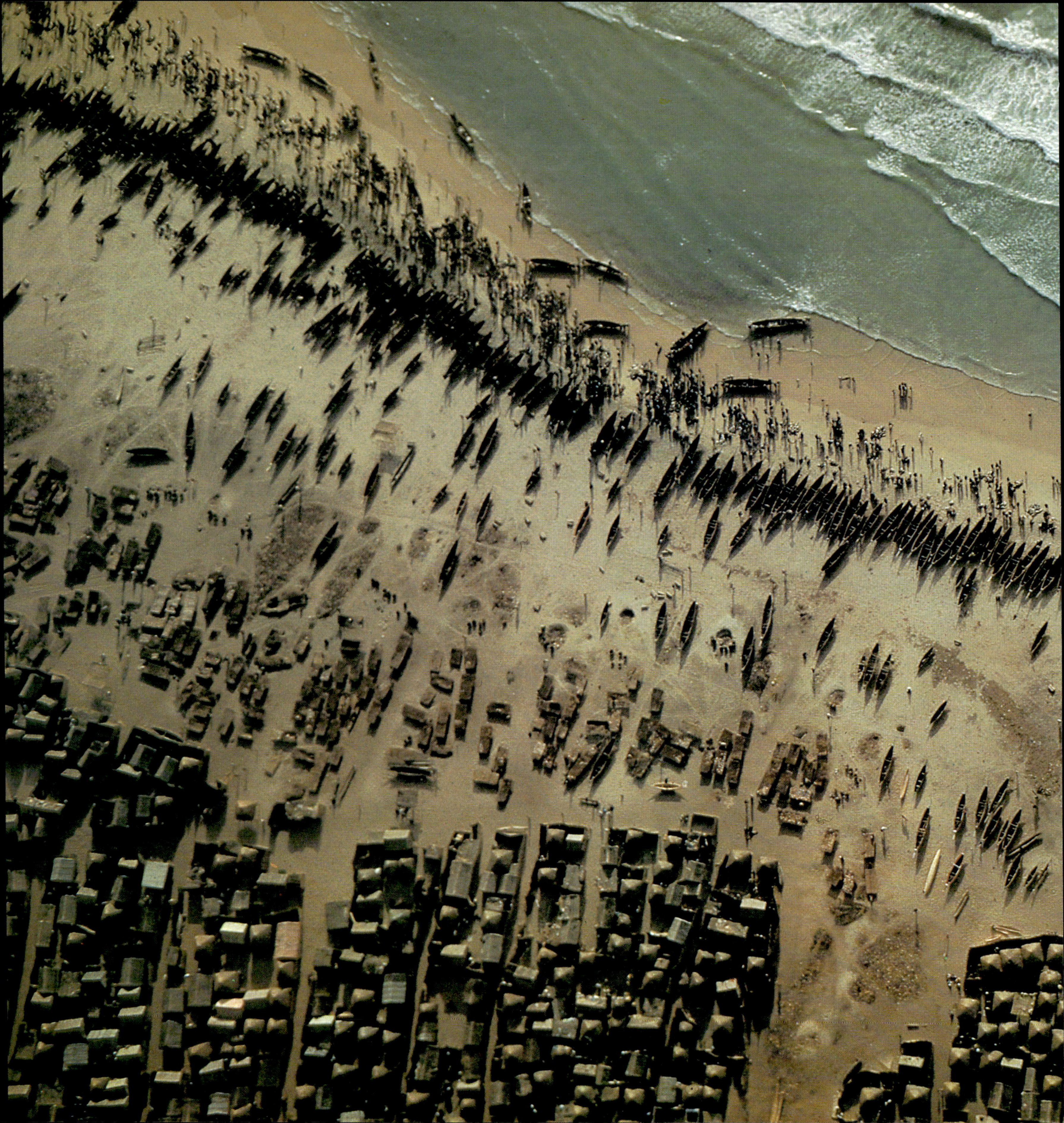

77
Kayar nördlich von Cap Vert, Senegal. Vom Dezember bis Juni bestreicht der kalte Kanarenstrom die senegalesische Küste, namentlich deren Abschnitt nördlich von Cap Vert; mit Assistenz der Passatwinde quillt in Küstennähe kaltes Tiefenwasser empor. So entstehen ergiebige Fanggründe gleich jenseits der Barriere aus Brandung und Gischt, in Kayar dreht sich dann alles um Boote und Fische. Am Jahresanfang noch die größte Fischersiedlung an der westafrikanischen Atlantikküste, stirbt das Dorf gegen die Jahresmitte zu fast aus. Die Fischer ziehen für die zweite Jahreshälfte an die sogenannte Kleine Küste um, südlich von Cap Vert. Dort decken jetzt die Monsunwinde und warme äquatoriale Wassermassen, die den Kanarenstrom abdrängen, den Tisch neu und kaum weniger reich, wenn auch mit einer anders zusammengesetzten Meeresfauna.
Die Fertigkeit, mit Pirogen auf den Wellen zu reiten, steckt Senegals Fischern im Blut. Trotzdem verfolgen in Kayar Frauen und Kinder, die am Strand die Männer und ihren Fang erwarten, jeden Abend mit Beklemmung das Schauspiel, wenn Gatten, Väter, Söhne und Brüder die gefährliche Mauer durchbrechen. Die Küstenfischer, Kleingewerbler fast alle, sind ein wirtschaftlich unternehmungsfreudiger Stand, sie steuern Erkleckliches zu Senegals Volkseinkommen bei. Die Viehzüchter und Erdnußbauern des Landes danken es ihnen freilich wenig; ihren Mitbürgern von der Fischerzunft begegnen sie hochnäsig, ja mit offener Verachtung.

78
Langläufer am Engadiner Skimarathon, Schweiz. Die Straße zwischen Sils-Maria und Sils-Baselgia mußte für den Übergang der Läufer präpariert werden; Anfang März ist sie schon aper. Der Vorwurf «Viel Volk – wenig Lauf», der gegenüber einigen europäischen Volksläufen erhoben wird, gilt für den «Engadiner» sicher nicht. Viel Volk, ja – 12536 angemeldete Teilnehmer und Teilnehmerinnen im Rekordjahr 1980. Aber auch viel Lauf: die Marathonprüfung über 42 Kilometer und auf 1800 Metern Höhe ist strapaziös. Die Veranstalter verlangen nicht grundlos von jedem Läufer ein ärztliches Zeugnis oder gleichwertiges Attest. Es begrenzt das Alter der Teilnehmer nach oben nicht: sogar ein 85jähriger lief schon mit. Bei diesem Skifest ohne Verlierer ist auch der Letzte noch Sieger, im Test des Durchhaltewillens Sieger über sich selber. Bisherige Bestzeit (1983): 1 Stunde und 34 Minuten und 8 Sekunden. Erzielt wurde sie mit der neuen Schlittschuh-Technik des Langlaufs, dem Finnstep. Die Veranstalter kleinerer Volksläufe fordern von den Teilnehmern den gewohnten Langlaufstil im Diagonalschritt; dem Schlittschuhfahren auf Langlaufskis, das die Loipen, aber auch die Bänder und Gelenke der Skisportler schädigt, sind sie gram. Dagegen wollen die Veranstalter des «Engadiner» vorläufig keine Laufvorschriften erlassen, jedenfalls nicht bei normalen Schneeverhältnissen.

79
Karawane in der Provinz Kerman, Iran. Der Flug galt eigentlich der Aufnahme einer archäologischen Fundstätte, des Tepe Yahya. Die dortigen Grabungen hatten Belege dafür zutage gefördert, daß dieser Teil des iranischen Hochlands schon im 3. Jahrtausend v. Chr. die Aufgaben einer Drehscheibe und eines Umschlagplatzes für den Warenverkehr zwischen dem Industal, dem Zweistromland und dem Persischen Golf erfüllte. So ungeplant die Begegnung mit der Karawane auf dem Rückflug von Tepe Yahya war, ganz unpassend war sie also nicht – das Zufällige als das Fällige ...
Tiervater Brehm kanzelte es hochmütig als «störrisch, stumpfsinnig und dumm» ab; dagegen kennt zum Beispiel der arabische Beduine für es 2000 Wörter und lobt seine Klugheit, Treue, Sanftmut und Sensibilität. Das einhöckrige Kamel, das Dromedar, öffnete dem Menschen die Wüsten und Weiten. Als Lieferant von Fleisch, Milch, Wolle und Leder hat es noch eine Zukunft; dagegen sind seine Tage als Last- und Reittier gezählt. Der Konkurrenz der Pferde unter der Blechhaube ist es nicht gewachsen.

80
Brückenbaustelle bei Santa Barbara, Kalifornien/USA. Alte Teppiche, die mindestens einmal täglich gründlich genäßt werden, halten die eben betonierte Fahrbahn feucht. Beim Erhärten von Beton verkitten sich Kies und Sand mit dem allmählich auf chemischem Weg entstehenden Zementstein. Dazu ist Wasser nötig, und es wird Wärme frei. Um einen guten Beton zu erhalten, schützt ihn der Baufachmann in der Erhärtungsphase vor Wasserverlust und schneller Abkühlung. Ganz besonders schaden dem jungen Beton direkte Sonnenbestrahlung und Zugwind; sie können Schwindrisse verursachen.
Ich staune noch Jahre nach der Aufnahme über diesen Paul Klee im Großformat. Betonfachleute allerdings belächeln die kalifornische Methode. Malerisch, das ist sie zwar, aber doch recht altmodisch. In Europa haben sich – eine Schweizer Entwicklung – spezielle Matten eingebürgert. Diese halten die beim Abbinden des Zements freiwerdende Wärme zurück und erübrigen die nachträgliche Zufuhr von Wasser. Das neue Verfahren ist sparsamer, allerdings auch minder bunt: die fortschrittlichen (und zungenbrecherischen) Wärmewasserrückstaumatten gibt es nur in Grün, Braun, Rot und Weiß.

81
Autoverladeplatz an der Maas bei Waulsort, Belgien.

82
Zwei Arten des Wohnens in Longleat, Grafschaft Wiltshire/ England. Longleat House (erbaut 1568–80), der Stammsitz des Marquess of Bath, gilt unter den Schlössern Englands aus elisabethanischer Zeit als das schönste – und sein derzeitiger Bewohner unter den englischen Lordschaften als einer der spleenigsten. Er macht mit Teddybär-Kongressen ebenso Schlagzeilen wie mit exzentrischen politischen Äußerungen. Mit einem Rummelplatz, mit Safaripark und Groß-Labyrinth (Bild 39) lockt er zahlende Besucher an. Seine Steuerrechnung und Unterhaltskosten vor Augen scheut der Lord nicht einmal den Anblick von Wohnwagen- und Zeltvolk auf seinem Rasen.

83
Die Achterbahn *Colossus* im Vergnügungspark Magic Mountain bei Los Angeles, Kalifornien/USA. Ein Koloss ist sie, das Nonplusultra der aus Holz gebauten Rollercoasters: die doppelt geführte Berg-und-Tal-Bahn ist 1,4 Kilometer lang, die Schreckensreise testet die Passagiere zweimal mit einer über 30 Meter hohen Fallfahrt, elfmal macht sich in Fast-Schwerelosigkeit der Magen selbständig.
Das amerikanische Thrillgewerbe hat in den letzten Jahren sein Nervenkitzel- und Magenumkehrpotential aufgestockt. Anatomische Verwirrung zu stiften, dafür war die Achterbahn schon immer da. Der Magen gerät dahin, wo sonst die Kehle ist. Jetzt freilich, bei Loopingbahnen, vertauschen auch noch Füße und Ohren den Platz. Colossus kommt zwar ohne Überkopffahrt aus. Das Manko macht er aber mit seinen Abmessungen wett. Und mit seiner Schönheit als Holzkonstruktion aus 3000 Festmetern Fichte und Föhre. Für die Puristen unter den Achterbahnfahrern verheißt die Schönheit verstärktes Gruseln: reisebegleitendes Klappern, Knarren, Knirschen, Quietschen sind auf dem hölzernen Coaster zusätzliche Würze der Angst. So kommt der erste Schrei meist noch vor dem Fall.

84

Der Hafen Kali Baru bei Jakarta, Indonesien. In Kali Baru gehen vor allem die kleineren Prahus vor Anker, die 1970 aus Sunda Kelapa, ihrem angestammten Hafen, vertrieben wurden. Prahus heißen in Indonesien die nach Hunderttausenden zählenden traditionellen hölzernen Boote, die im Inselarchipel den Frachtverkehr besorgen und Fischfang entlang den Küsten treiben. Die Flotte der Prahus wird zur Zeit modernisiert und von Segeln auf Dieselmotoren umgerüstet. In der untern Hälfte des Bilds hauptsächlich Fischerboote, in der oberen Prahus für Fracht, größtenteils bereits motorisiert. Die Frachter bringen Bretter, Mangrovenstangen für den Gerüstbau, Salz, Trockenfisch und Korallen. Kali Baru hat heute Sunda Kelapa als Frachtumschlagplatz überflügelt – um den Preis eines beängstigenden Gedränges im Hafenbecken. Der Ausbau der Hafenanlagen und der zugehörigen Infrastruktur hat mit der wachsenden Zahl der Schiffsbewegungen und der gelöschten Frachttonnage nicht Schritt gehalten. Das Hafenbecken ist untief und wird außerdem wie ein Hindernisparcours noch von einigen Wracks garniert; nicht weniger seicht ist die Hafeneinfahrt, größere Prahus laufen dort regelmäßig nicht nur aus, sondern vor allem auch auf. Während des Westmonsuns, im Januar und Februar, tanzen im ungenügend geschützten Hafenbecken die Boote auf dem kabbeligen Wasser und stoßen sich gegenseitig an; zuweilen sperren dann Wind und Wellen die Hafeneinfahrt tagelang.

85

Das Wrack der «Eduard Bohlen» an der Diamantenküste, Namibia. Die tückische Atlantikküste des ehemaligen Deutsch-Südwestafrika, wo auf 1500 Kilometern Länge Wasser und Wüste zusammenstoßen, ist seit je, vermutlich schon seit phönikischer Zeit, ein Fluch für die Schiffahrt; davon zeugt ein gut dotiertes Sortiment von Schiffskadavern, die – einige viele Jahrzehnte alt – einsam vor sich hin modern und rosten. Die «Eduard Bohlen», das Schiff einer deutschen Gesellschaft, lief 1912 in der Conception-Bucht zwischen Swakopmund und Lüderitz auf Grund. Unglücksschiffe wie die «Eduard Bohlen» sind ein Glücksfall für das Studium der Verlandung. Die «Eduard Bohlen» liegt heute fast einen Kilometer landeinwärts. Vor allem an der Diamantenküste, also im Südabschnitt der namibischen Atlantikküste, setzt das Meer ständig Land an: die nordwärts gerichtete Küstendrift verschleppt die Sinkstoffe (inbegriffen Diamanten), die der Oranjefluß aus dem Landesinnern gebracht hat und noch immer bringt. Wie kein anderes Wrack macht die «Eduard Bohlen» das schnelle Küstenwachstum augenfällig; ihr Sandschatten ist der Keim einer neuen Düne. Weltweit fällt die Bilanz von Küstenwachstum und Strandschwund allerdings negativ aus: nur ein Zehntel aller Strände wachsen, die Abgänge übertreffen bei weitem den Zuwachs.

86
Die Dachlandschaft der Stiftskirche von Maria-Einsiedeln, Schweiz. Die Abtei Maria-Einsiedeln ist eine der bedeutendsten barocken Klosteranlagen Europas. Benediktiner erbauten in Einsiedeln das erste Kloster im 10. Jahrhundert. Wallfahrtskirche und Kloster, wie sie heute stehen, stammen aus der ersten Hälfte des 18. Jahrhunderts – der sechste Bau an dieser Stelle. Damals wurde auch der Vorplatz mit Arkaden wie offenen Armen geschaffen.

87
Großtankerbau in Nagasaki, Japan. Im Baudock liegt die «Onyx», wenige Wochen trennen sie vom Stapellauf. Das 323 Meter lange, 54 Meter breite und 26 Meter hohe Schiff mit einer Tragfähigkeit von 268951 Tonnen rechnet im Jargon der Tankerschiffahrt zu der Kategorie *Very Large Crude Carrier*. Sie ist sozusagen ein «Ölefant» – aber noch kein «Mammut des Meeres» (*Ultra Large Crude Carrier*, über 350000 deadweight-Tonnen).
Von Anfang an gehörten die Großtanker zum Inventar zeitgenössischer Alpträume, und mit der Havarie der «Amoco Cadiz» schien «Supertanker» endgültig im Vokabular des Kummers als schmutziges Wort festgeschrieben: im März 1978 ließ die «Amoco Cadiz» vor der bretonischen Küste ihre ganze Ladung auslaufen, 223000 Tonnen Rohöl verseuchten 320 Kilometer Strand und 15000 Quadratkilometer Meeresoberfläche. Die unmittelbaren Wirkungen des bisher größten (und am besten untersuchten) Tankerunfalls waren katastrophal genug: ein Massaker der Seevögel, Austern, Fische und Algen. Noch mehr ängstigten sich freilich die Umweltexperten vor den erwarteten Langzeitfolgen, zum Beispiel irreparablen Schäden für Frankreichs ertragreichste Fischereigründe. Diese Befürchtungen unterschätzten jedoch das Selbstreinigungsvermögen und die Selbstheilungskraft der Natur beträchtlich: fünf Jahre nachher fanden Spezialisten kaum noch Spuren des ökologischen Desasters.

88
Die Altstadt von Bern, Schweiz. Sie vertritt in unübertroffener Reinheit und Reife das urbanistische Muster einer axialen Stadtanlage mit Gassenmarkt. Parallel geführte Längsgassen flankieren im Falle Berns den mittleren, verbreiterten Gassenzug, der als Markt diente – Kram- und Gerechtigkeitsgasse, einer der erstaunlichsten und komfortabelsten Straßenräume überhaupt. Die Häuser sind traufständig; ihre Giebel rücken zu Zeilen zusammen. Den Hausuntergeschossen sind die berühmten Lauben vorgelagert: Stadtbürger erhielten das Recht, Arkaden vor ihren Häusern zu errichten und die Hausfassade über diese vorzuziehen; der Laubenboden aber blieb öffentliches Eigentum. Bern gehört zu einer ganzen Stadtfamilie, die die Dynastie der Zähringer rechts und links des Rheins gründete. Der Stadtforscher Paul Hofer, ihr bester Kenner, lobt sie als die «geschlossenste und konsequenteste Schöpfung des Städtebaus mindestens im 12. Jahrhundert».
Als Meisterwerk mittelalterlicher Stadtbaukunst steht die Berner Altstadt auf der UNESCO-Liste der Natur- und Kulturgüter von Weltbedeutung.

89
Die Altstadt von Fès, Marokko. Fès, eine von vier marokkanischen Königsstädten, hat keine spätrömische Vergangenheit; es wurde – nach der Überlieferung um das Jahr 800 – als islamische Stadt gegründet. Fès wurde bald, und für Jahrhunderte, die erste Stadt Nordafrikas, sein geistiges, wirtschaftliches und wissenschaftliches Zentrum, dessen Ruhm im 15. Jahrhundert sogar die Neugier und Begehrlichkeit Europas kitzelte. Das In- und Durcheinander von Wohn- und Arbeitsstätten, von Markt und Moschee macht es noch heute zu dem Inbegriff der islamischen Stadt. Den Dichter Hugo von Hofmannsthal, ihren sensibelsten Beschreiber, erinnerte die Stadt Fès an die Ornamentik der verstrickten, verhäkelten arabischen Schrift und an eine Lieblingsfrucht des islamischen Basars: «so vielgehäusig und geschlossen und ausgangslos, als wäre man ins Innere eines Granatapfels geraten».
Die Altstadt von Fès ist der Beitrag Marokkos zu der UNESCO-Liste des Natur- und Kulturerbes der Welt.

92

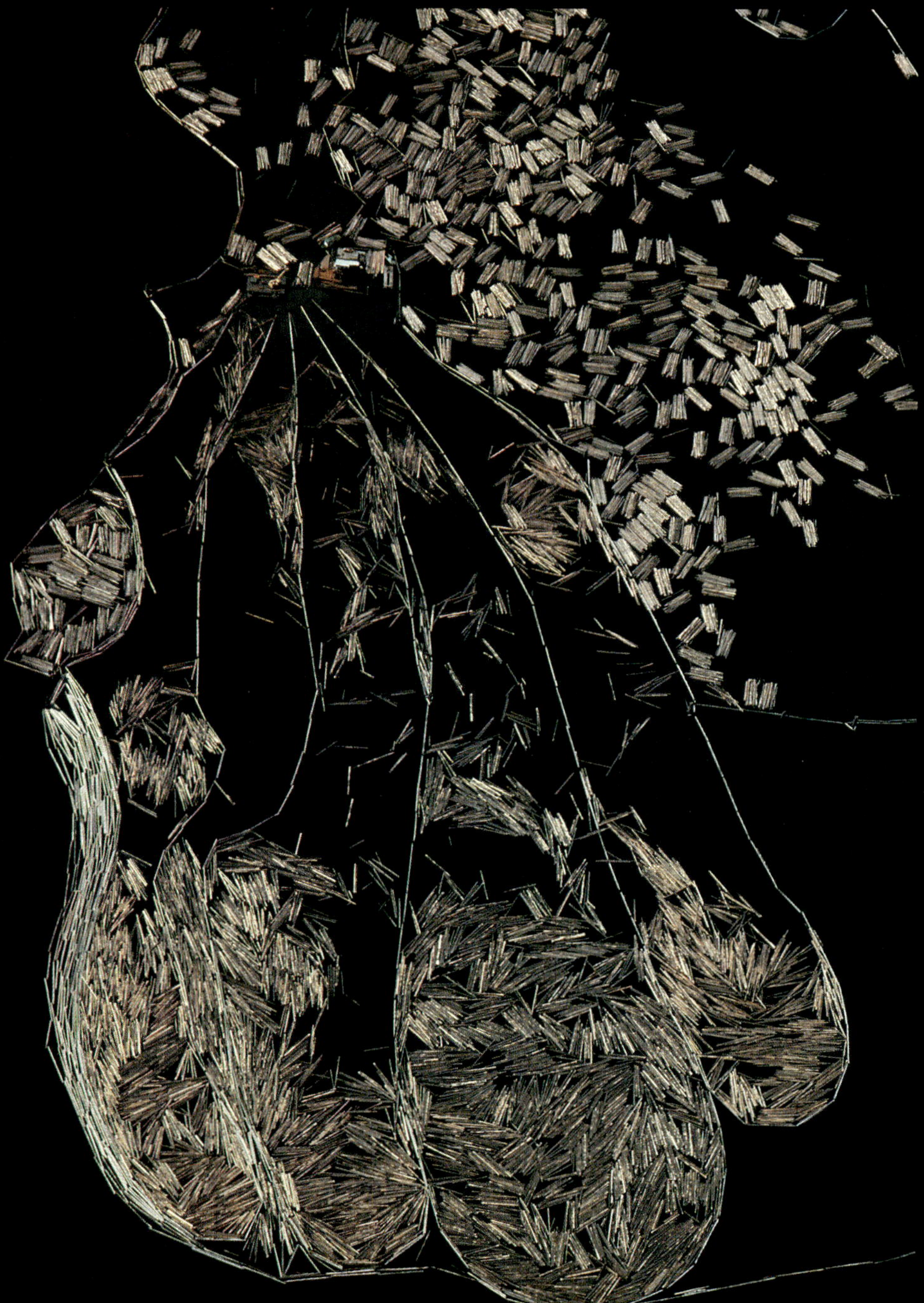

90

Der Bagh-i Shah («Garten des Königs») bei Mahan in der Provinz Kerman, Iran. Ein Kanal führt dem Garten vom Gebirgsfuß her Wasser zu. Als Gartenschöpfung ist der Bagh-i Shah umstritten; er entstand in der Zeit der Kadscharen (1796–1925). Puristen, die auf die Gärten der persischen Frühzeit eingeschworen sind, bemäkeln seine Pflanzordnung, seine Gebäude, die Breite seiner Wasserläufe. Seine Lage freilich hat nicht ihresgleichen, das geben selbst die Eiferer zu. In ihr kommt die Absicht der persischen Gartenkunst rein zum Ausdruck: kahle, sengende, tote Wüste wie durch Magie in schattig-kühles Duften und Fruchten zu verwandeln – das Fegefeuer ins Paradies. Was Wunder, daß die persischen Gärten bis in unser Vokabular hinein Spuren hinterlassen haben. Das altiranische Wort für Einzäunung, *pairi-daeza*, wurde über das griechische *paradeisos* zu dem, was wir noch heute alle suchen.

91

Zuckerrohrpflanzungen am Fuß des Haleakala, Maui, Hawaii/USA. Die Musterung der Felder rührt von den Bewässerungskanälen her. Der Wasserbedarf des Zuckerrohrs entspricht einer jährlichen Niederschlagsmenge von über 230 Zentimetern: zwei Tonnen Wasser für jedes Kilogramm Rohzucker (vor seiner Extraktion aus den Stengeln). Auf Maui reift das Zuckerrohr in zwei Jahren. Nach dem Schnitt wächst das Rohr aus den Wurzelstöcken nach; dieselbe Pflanze liefert bis zu fünf Ernten.

Hawaiis Zuckerrohrfelder erbringen pro Flächeneinheit mehr Rohr (25 Tonnen pro Hektar) – und Zucker! – als irgendeine andere Anbaugegend der Welt. Die Pflanzer verteidigen ihre Felder gegen Schädlinge ausschließlich mit biologischen Mitteln. Schon früh setzten sie eine Dolchwespe gegen einen Schadkäfer ein und 1920 schlugen sie eine Invasion der gefürchteten Zuckerrohrzikade mit Hilfe einer australischen Blindwanze zurück.

92
Sortieren von Baumstämmen auf dem Coeur d'Alene See, Idaho/ USA. Boote schleppen das Sägeholz in Bündeln vom Südende des Sees zu der Sortieranlage am Nordende. Die verschiedenen Holzarten – Weiß-, Schierlings- und Douglastanne, Zeder, Fichte und Lärche, Gold- und Weymouthskiefer – werden nach dem Merkmal ähnlicher Verarbeitungseigenschaften gruppiert und getrennt gelagert. Die Sägerei in Cœur d'Alene ruft die gewünschten Stämme nach Bedarf ab.

93
Cranberry-Ernte bei Plymouth, Massachusetts/USA. Die Großfrüchtige Moosbeere, die nordamerikanische Verwandte unserer Preisel- und Heidelbeere, prägt das herbstliche Landschaftsbild der Staaten Massachusetts und New Jersey, seit die Moosbeeren-Farmer sie naß ernten. Dabei werden die Sträucher mit den reifen Beeren auf den eingedeichten Feldern überflutet. Maschinen, die nach dem Prinzip eines Eierschneebesens arbeiten, verwirbeln das Wasser; die Turbulenzen reißen die Früchte los. Die aufgestiegenen, an der Oberfläche schwimmenden Beeren werden in einer Art Korral konzentriert und abgesaugt oder per Förderband in Lastwagen verladen. Naß geerntete Beeren eignen sich für Saft und Sauce; nur die Trockenlese liefert Früchte für den Frischverkauf.
Die sauren Moosbeeren sind in den USA ein Milliardengeschäft; ihr Anbau steht dort an Gewinnträchtigkeit lediglich dem legalen von Ginseng und dem illegalen von Hanf nach. Sicher hatten bereits die Ureinwohner die Beere geschätzt: Cranberries waren ein wichtiger Bestandteil der indianischen Winter- und Reisenahrung, des Pemmikans. Ob freilich schon die Passagiere der «Mayflower» beim ersten Dankesfest in der Neuen Welt Cranberries zum Truthahn hatten, bleibe dahingestellt; es ist ja nicht einmal verbürgt, daß sie überhaupt Truthahn aßen. Heute wollen sich jedoch die Nachfahren der Pilgerväter den Truthahn am Thanksgiving Day nicht mehr ohne Cranberry-Sauce vorstellen.

94
Bambusflöße mit Perlmuscheln in der Ago Bucht auf Honshu, Japan. Die Auffassung, daß der Diamant eines Mädchens bester Freund ist, teilen wenige Japaner, seit Kōkichi Mikimoto, eines armen Nudelmachers Sohn, kurz nach der Jahrhundertwende mit der Zucht der ersten sphärischen Perle eine Millionenindustrie begründete. Ein winziges Korn Perlmutt von einer Süßwassermuschel, operativ ins Mantelbindegewebe einer Perlmuschel eingenäht, regt künstlich die Perlbildung an. Die Schwimmkörper, an denen die Drahtkäfige mit den geimpften Perlmuscheln hangen, sind ein Charakteristikum der seichten, geschützten Buchten entlang der Shima Halbinsel, dem Zentrum der japanischen Zuchtperlenindustrie. Allerdings verändert sich jetzt das traditionelle Erscheinungsbild dieser Zuchtperlenfarmen schnell: Kunststoffbojen und -konstruktionen verdrängen die herkömmlichen Bambusflöße. Je nach Wasserverhältnissen reifen die Perlen in drei bis sechs Jahren. Die Körbe werden von Zeit zu Zeit an die Oberfläche gebracht, um die Muscheln von Algen zu reinigen und ihren Gesundheitszustand zu überprüfen. Auch Taifunwarnung zwingt zum Heraufholen (und Evakuieren) der Käfige und ihrer Insassen.

95
Fischzucht bei Losari auf Java, Indonesien. Teichlandschaften wie diese zwischen Agrarland und Meer kennzeichnen viele Küstenabschnitte Javas. Erddämme teilen die Brackwasserbecken ab, ihre Kronen werden oft für den Anbau von Gemüse genützt. Die Tampak genannte Teichwirtschaft Indonesiens züchtet vor allem Meeräschen und Milchfische. Namentlich die letzteren spielen als Eiweißquelle in Indonesien, aber auch auf den Philippinen (Bild 64) und auf Taiwan eine zunehmend wichtigere Rolle.
Aquakultur hat insbesonders in Ostasien und Südostasien eine Jahrtausende alte Tradition. Aber global steuert sie noch immer zur Nahrungsmittelversorgung der Menschheit kein halbes Prozent bei. Mindestens 97 Prozent der Nahrung wird ohnedies auf dem Land erzeugt, obwohl die Meere rund zwei Drittel der Erdoberfläche bedecken und in den Meeren (wo das Leben entstanden ist) die größte Zahl von Arten und Organismen existiert. Diese Ausgangslage garantiert der Aquakultur unter dem Streß der Nahrungsmittelverknappung zweifellos eine Zukunft neben der Agrikultur. Nur über Wie und Wann der Blauen Revolution sind die Fachleute vorläufig noch uneins.

97

98

99

100

101

102

96
Ackerbau bei Dubbo, New South Wales/Australien. Ein Winterbild: im Juni bearbeitet der Farmer das Feld mit dem Grubber, um das Aufkommen von Unkraut zu erschweren. Gegen Ende des Kalenderjahres, im Südfrühling und Südsommer, wird er den Acker mit Sojabohnen oder Sonnenblumen bestellen.

97
Bewässerter Baumwollanbau bei Dubbo, New South Wales/Australien. Das Wasser liefert der Macquarie-Fluß über den Burrendong-Damm. Auf den Feldern von Dubbo wächst lang- und mittelstapelige Baumwolle. Bei der Ernte im Juni halten die Pflückmaschinen zwischen sich immer zwei Pflanzreihen Abstand; auf diese Art zwingt nicht die Panne einer Maschine alle andern zum Anhalten. 85 Prozent der Baumwolle werden im ersten Durchgang gewonnen. Verspätet reifende Pflanzen und Flüchtigkeitsfehler beim vorherigen Pflücken zwingen zu einem zweiten Durchgang der Maschinen. Der Wasserstand hinter dem Burrendong-Damm Ende Juni entscheidet jeweils darüber, eine wie große Fläche der bewässerungsintensiven Baumwollkulturen die Bauern sich im bevorstehenden Pflanzjahr leisten können. Oft bauen sie Baumwolle im Fruchtwechsel mit Raps an. Der Raps öffnet mit seinen kräftigen, weit hinunterreichenden Wurzeln tiefere Bodenschichten fast so wirksam wie ein Tiefpflug.

98
Agrarlandschaft bei Scottsbluff, Nebraska/USA. Das Bild zeigt vorbildliches Bodenmanagement unter den Bedingungen des Trockenfarmens: Streifenanbau stoppt Windverwehung und speichert Feuchtigkeit. Wo das Gelände es nahelegt, kombiniert sich der Streifenanbau mit Terrassen auf der Kontur zur weiteren Verbesserung des Wasserhaushalts und zur Verhinderung von Spülrinnen. Die grünen Streifen auf dem Mai-Bild sind Weizenfelder; sie wechseln mit Feldern in Brache, die für die nächste Aussaat einen Feuchtigkeitsvorrat anlegen müssen. Der Weizen wird im Juli oder August erntereif.
Auf dem Kreisberegner (dazu auch Bild 72) neben den Farmgebäuden wächst Mais.

99
Muster der Ernte in der Pampa, Argentinien. Der Bauer, den das Gehölz auf seinem Kleefeld nicht verdrießt, ist grünen Applauses sicher, Maschinengeometrie der Ackerarbeit hin oder her. Fotografisch bedeutet das Bild soviel wie eine Illustration des goldrichtigen Augenblicks. Nachträglich bereute ich, daß ich nicht nach Ablauf einer halben Stunde zu der Feldergraphik zurückgeflogen war. Aber dann hätte ich ja wohl zusehen müssen, wie der Bauer beim Hinausfahren auf dem Mähtraktor einen Strich durch seine Schöpfung machte. Der Agrarkünstler wider Willen wird auch gleich sein eigener Vandale, die Hervorbringungen der bäuerlichen *Land Art* sind stets gesegnet mit Vergänglichkeit.

100
Erbsenernte im Palouse-Gebiet, Washington/USA. Das Feld mag an ein Wäschestück erinnern, das an der Leine im Wind flattert. Landbauliche Unordentlichkeit als Ausdruck der Wurstigkeit des Fahrers auf dem Mähdrescher? Oder Abschwören der Geraden und der Geometrie aus Überzeugung? Mitnichten. Vielmehr kurvt die Maschine entlang den Höhenlinien – in den Lößhügeln des Palouse-Gebiets mit steilen Hanglagen (dazu auch das Bild 129) manchmal soviel wie Agro-Akrobatik.

101
Heuernte bei Sheridan, Wyoming/USA. Das Gras ist bereits zu mehr als der Hälfte gemäht. Bei dem Mähgut dürfte es sich um eine Queckenart handeln; Quecken, eingeführte Futtergräser, haben sich im östlichen Vorland der Bighorn Berge bewährt. Die signalhafte Feldgestalt ist ein Zufallsprodukt: oben bestimmt durch eine Besitzgrenze, im untern Teil durch das Gelände, vor allem den jähen Wechsel im Gefälle. Es ist zu vermuten, daß die Quecken auf einem vorher mit Getreide bepflanzten Areal wachsen, der Rancher also ein einsichtiger Sünder ist. Die Rückverwandlung von Äckern in Heu-, Wies- und Weideland – in diesem Teil Wyomings in vollem Gang – setzt die Bodenverluste herab. Die Bauern, die auf marginalen Böden mit Getreideanbau dem großen Geld nachjagten, sind jetzt wenigstens nach Schaden klug geworden.

102
Erntezeit für ein Linsenfeld in den Palouse Hügeln, Washington/USA. Die Spuren zeitgenössischer Landmaschinen können es manchmal an Geheimnis fast mit den vorkolumbischen Bodenzeichnungen auf den Wüstenflächen bei Nazca aufnehmen. Das Feld liegt am Hang. Im oberen Teil hat ein Mähdrescher bereits sein Werk getan. Im unteren Teil, wo offenbar höhere Bodenfeuchtigkeit und niedrigere Bodentemperatur das Reifen der Linsen aufhalten, setzt der Bauer eine Schwadmaschine ein. Die Erntemaschine wird später den Schwad, die vorgemähte, am Boden ganz ausgereifte Frucht aufnehmen und ausdreschen.

103

105

106

107

103
Abwehrkampf gegen die Winderosion auf einem Feld bei Wichita, Kansas/USA. Ein plötzlich aufgesprungener Mai-Wind hat den Bauer zu einem Feuerwehreinsatz genötigt. Mit einem Kultivator rauhte er den Boden auf; dabei fuhr er ohne festes Programm, er wollte lediglich in kürzester Zeit und mit dem geringsten Treibstoffaufwand einen möglichst großen Teil seines Landes gegen den Angriff des Windes befestigen. Unbebaute Felder entbehren des ausreichenden Oberflächenschutzes durch Pflanzenreste; wie verwundbar sie in diesem Zustand sind, deutet die weißliche Trockenkruste an. Jedes Jahr verweht der Wind in Kansas je Hektar Ackerland im Schnitt 6,59 Tonnen Boden – nur etwa zwei Tonnen weniger, als durch Abspülung verloren geht.

104
Abwehr der Winderosion auf einem Baumwollfeld bei Lubbock, Texas/USA. Mit dem *sandfighter*, einem bis zu 24 m breiten Gerät aus der Familie der Walzhacken, kehrt der Bauer feuchte Schollen nach oben, die dem Wind mehr Widerstand leisten als die ausgetrocknete, krümelige Oberfläche. Er wiederholt die Maßnahme in der windigen Jahreszeit von November bis Mai ein dutzendmal, der Krieg gegen die Winderosion schlägt auf den High Plains mit Millionenausgaben nur für den Treibstoff zu Buch. Das Land ist so winderosionsgefährdet, daß es eigentlich nur als Weide, mit einer schützenden Grasnarbe, genützt werden dürfte. Der Farmer fährt ohne Rücksicht auf die vorherrschende Windrichtung; ihm geht es allein um Einsparungen durch möglichst wenige Wendemanöver. Winderosion beschädigte 1983/84 in Texas 2,3 Millionen Hektar Acker- und Weideland; Dürre und Stürme wirkten katastrophaler zusammen als je in dreißig Jahren vorher. Der abgeblasene Boden vernichtet die Jungpflanzen, verschüttet Zäune, Straßen und Schienenwege, kratzt wie Sandstrahlgebläse am Lack der Autos und Landmaschinen, ruiniert Elektromotoren und Windschutzscheiben, verursacht Verkehrsunfälle und fördert Erkrankungen der Atemwege . . . In dem Klagelied kommen überraschenderweise Produktivitätseinbußen ganz am Ende; mit erhöhter Düngung und verbessertem Saatgut hat sich bisher der texanische Baumwollbauer – aber nicht nur er – über den Verlust an Bodenfruchtbarkeit hinwegbeschissen.

105
Farm bei Pomeroy, Washington/USA. Auf dem Augustbild hat der Bauer von den hellen Streifen eben den Weizen eingefahren, zurückgeblieben sind die Stoppeln als Bodenbedecker; die dunklen Streifen, die eine Vegetationsperiode lang brach lagen, wird er Ende September oder Anfang Oktober mit Winterweizen bestellen. Das prekäre Feuchtigkeitsangebot zwingt hier zur Zweifelderwirtschaft: Weizen wechselt mit Brache. Im Brachejahr speichert der Boden Wasser auf Vorrat. Gelegentlich muß der Fruchtwechsel gestreckt werden, obwohl der Bauer eigentlich nur am Weizen interessiert ist; der Zyklus heißt dann: Weizen-Gerste-Brache.
Streifenanbau auf der Höhenlinie vermindert nachweisbar die Bodenverluste durch Wasser- und Winderosion auf ein Drittel oder gar Fünftel. Trotzdem sperren sich im Palouse-Gebiet (dazu auch die Bilder 34, 100, 102 und 129) neun von zehn Bauern gegen Vorsorgemaßnahmen: diese seien zu kostspielig und zeitraubend. Immerhin mag die Zebraschönheit einer Musterfarm im Flugbild einen renitenten Bauern dazu verführen, fünf Minuten vor Zwölf doch noch das Richtige und Rettende für seine Farm zu tun – wie in der Einleitung zu diesem Buch geschildert.

106
Äcker und Weiden im Hochland von Aserbeidschan, Iran.

107
Eukalyptuspflanzung bei Belo Horizonte, Minas Gerais/Brasilien. Im Staat Minas Gerais («allgemeine Minen»), der unter einer grünen, gewellten Hügelszenerie einen einzigen Erzklumpen versteckt, heizen Holzkohlen die Hochöfen der kleinen Eisenhütten und sogar einiger Großbetriebe der einheimischen Montanindustrie; die Köhler sind überall. Von der Köhlerei drohen Minas Gerais trotzdem nicht Entwaldung und Verkarstung. Die Meiler liegen meist in unmittelbarer Nähe ausgedehnter Eukalyptusplantagen; die Verkohlung anderen Holzes ist, mit wenigen Ausnahmen, ungesetzlich. Jeden, der in Minas Gerais Erz schürfen will, und selbst wenn er gar nicht ans Erschmelzen von Roheisen denkt, verpflichtet das Gesetz zur Anlage einer Eukalyptuspflanzung, deren Größe der geförderten Menge Erz entsprechen muß. Kritiker der derzeitigen Köhlerei bemängeln indes, daß in den vielen hundert Kleinmeilern wertvolle Nebenprodukte der Holzverkohlung (Holzgeist, Holzessig, Holzgas, Holzteer, Holzspiritus) in die Luft und damit verloren gehen.
Außer für die Herstellung von Holzkohlen sind die Eukalypten auch Rohstoff für die Papierindustrie. Zudem liefern sie Telefonpfähle.

108
Spuren alter Holzbringung im Sumpfzypressenwald des Atchafalayadeltas, Louisiana/USA. Der Mittelpunkt des für den Holzschlag vorgesehenen Gebiets wurde mit einem Stichkanal von einem der Wasserstraßen des Deltas her erschlossen. Neben Wohnbooten für die Mannschaft postierte sich im Mittelpunkt ein Kahn mit einer dampfbetriebenen Winde. Diese schleppte an einem 800 Meter langen Drahtseil strahlenförmig die Stämme vom Hiebsort in das Zentrum. Dort wurden sie gebündelt und dann im Frühjahr bei Hochwasser in die nächste Sägerei geflößt.
Örtlich und in bescheidenem Umfang wurden die Zypressen in den Deltasümpfen des Atchafalaya und des Mississippi früh verarbeitet. Schon 1811 zerstörten Arbeiter, die um ihre Arbeitsplätze fürchteten, eine dampfbetriebene Sägerei in New Orleans. Aber erst 1876 öffnete ein Gesetz die Zypressenwälder für die industrielle Nutzung: Holzfäller aus dem Norden fielen mit technisch perfektionierten Verfahren des Holzschlags wie die Heuschrecken über Louisianas Wälder her; bei ihrem Abzug vierzig Jahre später ließen sie hinter sich Geisterstädte, verfallene Sägereien und eine Waldwüste zurück. Der Neuwuchs hat die Wunden des Raubbaus von damals auch in einem halben Jahrhundert nicht geheilt.

109

110

111

112

113

109

Teepflanzungen in der Präfektur Shizuoka auf Honshu, Japan. Shizuoka erzeugt die Hälfte der jährlichen japanischen Grüntee-Ernte von 100000 Tonnen. Gepflückt wird in der Regel pro Jahr dreimal. Der erste Pflücktermin – die 88. Nacht nach dem Frühjahrsanfang (kalendarisch dem 4. Februar) – ist unter Japanern sprichwörtlich wie bei uns die Eisheiligen, erst nachher ist die Frostgefahr gebannt. Feste, Lieder, Gedichte begleiten das Jahr des Teepflanzers. Der Grüntee dient als Getränk; zuerst ist er aber eine Gesinnung. Protz und Zwist sind Sünden gegen den Geist des Tees, der japanische Weg des Tees mündet in Demut und zuchtvoller Entspannung. Beim Teekult («Teezeremonie») versetzt die Kunst gewordene Natur der Teemeisterin die Gäste in die Stimmung heiterer Gelöstheit.

Betriebliche Optimierung regiert heute die japanischen Teeplantagen nicht weniger als anderswo; in Shizuoka nimmt ihre Anlage Rücksicht darauf, daß hier noch von Hand gepflückt wird. Trotzdem suggeriert ihr Anblick eine schon alt-japanische Errungenschaft: raffinierte Einfachheit.

110

Dünen und Tonpfannen von Sossusvlei, Namibia. In Sossusvlei, einem Naturschutzpark in der Namibwüste, wurde die höchste Düne mit 384 Meter von Fuß zu Kamm eingemessen. Indes trägt das Gelände auf versteckte Weise zu der ungewöhnlichen Höhe bei. Sossusvleis eindrücklichste Dünen überlagern die felsigen Ränder eines Tals; allein aus den Terrainverhältnissen errechnet sich so ein Höhengewinn von nahezu 200 Metern. Die Tonpfannen sind die Endseen eines nur unregelmäßig fließenden, und auch dann immer nur kurzlebigen Flusses, der nach heftigen Regenfällen über dem Hochland bis in die sandigen Weiten der Namib vorprellt. Er hat bis Sossusvlei ein Tal ausgescheuert und an dessen Ende die Sandmassen abgelagert – Rohmaterial für das Spiel des Winds.

Zeitweilig standen die Dünen von Sossusvlei im Guinness Buch der Superlative als die höchsten der Erde. Sie mußten seither ihren Platz einigen Sahara-Dünen abgeben, die angeblich 430 Meter hoch sind. Ob aber nicht auch diese versteckte Gelände-Hilfe haben? Fachleute bezweifeln, daß es irgendwo Dünen höher als 200 Meter gibt . . . geben kann: physikalische Bedingungen – etwa der Grenzwinkel für Böschungen aus Lockermaterial – setzen Sandakkumulationen durch den Wind eine Obergrenze.

111
Winterweizen nach der Ernte bei Salt Lake City, Utah/USA. Der Bauer arbeitete von außen nach innen, der sich verengernde Manövrierraum auferlegte ihm Spitzkehren, die er auf dem bereits abgeernteten Teil des Feldes ausführte. Der Bauer wird das Stroh nicht unterpflügen oder abbrennen; vielmehr benützt er es durch oberflächliches Einarbeiten als erosionshemmenden, wassererhaltenden Bodenbelag während des bevorstehenden Brachejahrs.
In Utahs Trockenfarmgebieten wechselt Weizenanbau mit Brache. Während des Brachejahrs hält der Boden gut ein Drittel des Jahresniederschlags zurück: für das Aufkommen der neuen Saat ein unentbehrliches Feuchtigkeits-Startkapital. Der Mormonenstaat brilliert mit vorbildlichen bodenschonenden Maßnahmen. Konturanbau, Terrassierung, Verwendung von Stroh und Stoppeln als schützender Oberflächenbelag, Kontrolle des Wasserabflusses vom Umland – diese Vorkehrungen senken in den Trockenanbaugebieten die Verluste an Oberboden auf jährlich weniger als drei Tonnen je Hektar.

112
Erdbeerpflanzung bei Carlsbad, Kalifornien/USA. Die Pflanzen wachsen durch Löcher in Kunststoffbahnen. Die Folien verhindern, daß die Beeren den Boden berühren und dadurch verschimmeln oder Bodenkrankheiten auflesen. Sie helfen überdies Feuchtigkeit bewahren, wärmen den Boden und halten die Verunkrautung in Grenzen. Gepflanzt wird auf der Kontur; unebenes Gelände verrät sich durch Wellen in dem schimmernden Plastiksee.

113
Der Turm von Babylon, Irak, im Ruinengelände der Stadt. Die Plünderung der begehrten gebrannten Ziegel durch die Anwohner im 19. Jahrhundert ergab dieses Bild: Grundwasser (an Stelle des Ziegelmantels) faßt den Kern der Zikkurat aus ungebrannten Lehmziegeln ein. Respektlos heißt der Tempelturm heute «die Pfanne». Deren Stiel ist die Baugrube der Freitreppe. Das Gründungsdatum der Zikurrat von Babylon – *Etemenanki*, «Grundstein von Himmel und Erde» – ist unbekannt, ihre Anfänge liegen nicht ausgrabbar im Grundwasser. Der archäologisch älteste Befund stammt aus der Regierungszeit Asarhaddons (680–669 v. Chr.); die Blütezeit des Heiligtums beginnt mit Nebukadnezar II. (604–562 v. Chr.), dem Zerstörer Jerusalems. In dieser neubabylonischen Fassung mischte die Zikkurat das sumerische und das assyrische Muster für einen Tempelturm: auf zwei Stockwerken, die eine gewaltige Freitreppenanlage erschloß, türmten sich vier Obergeschosse mit einer äußern Wendeltreppe. Bei der Zikkurat von Babylon war die Höhe gleich der Seitenlänge (91,5 Meter); darin unterschied sich der biblische «Turm der Hoffart» von allen andern Tempeltürmen Mesopotamiens. Xerxes machte den Turm von Babel zur Ruine, und Alexander der Große begann ihn abzutragen, um Platz zu schaffen für einen Neubau – eine Absicht, die sein Tod durchkreuzte.

114
Kalligraphie einer Planierraupe, Florida/USA. Mit weit geschwungenen Wendeschleifen beschreibt sie den «Mistboden» am Okeechobee See; *muck soils* heißen die tiefen, schweren, ungenügend dränierten organischen Böden um den See, die Hinterlassenschaft ehemaliger Marschen. Ein Laserstrahl führt die Planierraupe und die Maschinenungetüme, die gegebenenfalls nach ihr Dränleitungen in die ausgeebnete Erde einpflügen; im Hinblick auf effiziente Bewässerung und Entwässerung kann es sich der Farmer nicht leisten, Gefälle zu verschenken. Auf den *mucksoils* Südfloridas wachsen Zuckerrohr, Zuckermais, Kopfsalat, Sellerie, Peperoni und grüne Bohnen. Entwässert und bebaut, haben diese Böden die unerfreuliche Eigenschaft, sich jedes Jahr etwa zwei Zentimeter zu senken.

115
Die Vegetationsschlange der Quebrada de Camiña in der Atacama-Wüste, Chile. In der knochentrockenen Öde zwischen Küstenkordillere und Anden (Bild 37) ist Leben, und schon gar Landbau, an die seltenen Grundwasservorkommen und die noch selteneren Flüsse gebunden, die in tief eingekerbten Canyons, den Quebradas, von den Anden zum Pazifik vorstoßen. Mit einem Bewässerungsnetz und auf Terrassen, die schon ihre Ahnen in vorspanischer Zeit gebaut haben, ziehen Aymara- und Atacomeño-Indianer in den Taloasen Mais, Erdnüsse, Baumwolle, Bohnen und Bataten, Knoblauch, Kürbisse und Kartoffeln – nicht anders als ihre Vorfahren. Nur das Wasserangebot verschlechtert sich von Generation zu Generation. Über den Anden schneit und regnet es weniger, vielleicht als Folge einer Schwankung oder Änderung im erdweiten atmosphärischen Kreislauf. Viele Quebradas sind in geschichtlicher Zeit völlig ausgetrocknet.

116
Erosionslandschaft im Hinterland von Bandar Abbas am Persischen Golf, Iran.

117
Abflußmuster im Salzschlamm des Natronsees, Tansania. Es erinnert an sogenannte Dendriten, etwa die baumartig verzweigten Manganeinschlüsse in Gesteinen. Derartige Vergleiche kommen heute nicht mehr so schnell in den Verdacht, erschlichene, allzu wohlfeile Analogien zu sein – und eben nichts weiter. Ein neuer Forschungszweig, die Synergetik, befaßt sich mit den verblüffenden Übereinstimmungen in der Welt des Großen und Ganzgroßen und in der Welt des Kleinen und Ganzkleinen – von dem System der offenen Verzweigung in einem Flußdelta bis zu den dendritischen Verästelungen am Ende der Nervenzellen, von den Spiralen der Galaxien bis zur Doppelwendel der Desoxyribonukleinsäure. Der Synergetik ist es um Selbstbildungsvorgänge in Biologie, Chemie und Physik zu tun, sie hinterfragt Strukturen der belebten und unbelebten Natur, die aus dem Zusammenwirken einzelner Systemteile entstehen. Auch Strukturen von Menschenhand bezieht sie in die Betrachtung ein. Der Sonderforschungsbereich 230 der Deutschen Forschungsgemeinschaft vergleicht zum Beispiel Formbildungsprozesse in der Natur mit solchen in Technik und Architektur.

118
Schmelzwassertümpel auf dem Langen Gletscher (Langjökull), Island. Das Bild zeigt eine Übergangszone des Gletschers: von dem eigentlichen Sammelbecken für den Firnschnee leckt eine Eiszunge talwärts. Der Gletscher bewegt sich von rechts nach links, oben schneller als unten. Die Scherung erzeugt die S-Form der Rippen. In den Querspalten fließt – bezeichnend für eine Druckzone – das Schmelzwasser nicht ab. Ende Juli ist das Eis nahezu ausgeapert, Schnee hält sich hauptsächlich in den Spalten; der Gletscher befindet sich hier wenig unterhalb der Firnlinie. Auf die gleiche Höhenlage hin deutet auch der geschichtete Aufbau des Eises. Die dunklen Schichten enthalten vulkanische Aschen oder Staub, der durch die Verwitterung von Lavaflüssen entstanden ist.
Island ist zu mehr als einem Zehntel seiner Fläche vergletschert. Die 11 200 Quadratkilometer Eis entsprechen nahezu viermal dem Oberflächentotal aller Alpengletscher. Der Lange Gletscher ist mit etwa 950 Quadratkilometern das zweitgrößte von vier Vereisungszentren der Insel.

119
Die Grand Prismatic genannte Quelle im Yellowstone Nationalpark, Wyoming/USA. Das Herzstück des Parks im nördlichen Felsengebirge ist der Einbruchkrater einer Vulkanexplosion, die vor 600 000 Jahren außer der Umgebung selbst Teile des heutigen Texas und Kalifornien unter Asche begrub. Die Restwärme der damaligen Naturkatastrophe alimentiert noch immer zehntausend heiße Quellen und kochende Teiche, Geysire, Dampfaustritte und Schlammvulkane. Zur Zeit wölbt sich zudem ein Fleck Erde im Park meßbar auf; eine Felskammer unter der Beule im Gelände läuft mit Magma voll, die Höllenbombe tickt. Sie wird den ältesten Nationalpark (1872) – und den Vorreiter bei der Verbreitung der Nationalparkidee über den ganzen Globus – morgen, irgendwann, in die Luft sprengen. Die Heißquelle Grand Prismatic schüttet dauernd 200 Minutenliter 67,5°C warmes Wasser und bildet einen von Ufer zu Ufer bis zu 112 Meter breiten See. Ein erhöhter Plankenweg bewahrt die Besucher davor, sich zu verbrühen. In dem Wasser überleben nicht nur, sondern gedeihen sogar hitzeliebende Mikroorganismen, vor allem einzellige Algen. Sie kolorieren die Ränder und flammenden Protuberanzen des Sees, ihr Farbspektakel widerspiegelt das Temperaturgefälle. Manche Kleinstlebewesen mögen es in Yellowstone besonders heiß: nicht einmal kochendes Wasser (auf dieser Höhe siedet es bei 90 bis 93°C.) schreckt gewisse Bakterien ab.

120
Abflußmuster in der Tiefebene zwischen Euphrat und Tigris, Irak. Regen- und überschüssiges Irrigationswasser fließen in einer Senke zu der Gestalt eines vielgliedrigen Tatzelwurms zusammen. Seine Farbe und den öligen Glanz nimmt das Ungeheuer mit Mineralien aus dem Boden auf.

121
Korallenbauten im Duff Reef, Lau Archipel, Fidschi. Die Bauten stehen stachelartig auf der Meerseite von dem Riff ab.
Korallenriffe sind Oasen in der Wüste des Meeres. Sie gehören zu den vernetztesten Ökosystemen. Friede herrscht darin freilich nicht: das Riff ist der Schauplatz eines Giftkriegs; Korallen und andere Angehörige dieser Lebensgemeinschaft kämpfen mit toxischen Ausscheidungen um einen Platzvorteil. Immerhin: das Riff gehört wegen des exemplarischen Zusammenlebens der Steinkorallen mit Algen auch zu den produktivsten Ökosystemen: die Algen versorgen die Korallen mit Kohlehydraten, die sie photosynthetisch herstellen; die Korallen wiederum decken mit ihren Stoffwechselprodukten den Phosphat- und Stickstoffbedarf der Algen. Kein Wunder, daß schon geringe Veränderungen in der Umwelt dieses empfindliche Ökosystem aus dem Gleichgewicht werfen können. Nährstoffreicheres Wasser zum Beispiel, etwa aus Überdüngung mit Abwässern, verführt die Algen dazu, die Korallen im Stich zu lassen; im Stickstoff- und Phosphat-Rausch überwuchern und töten sie das Riff.
Die Meeresbiologen rätseln weltweit über das Sterben der Riffe, das zur Zeit in der Südsee beobachtet wird. Außer der zunehmenden Belastung des Meeres mit Schadstoffen ziehen sie vor allem Änderungen in der globalen Luft- und Wasserzirkulation in Betracht, die eine für Korallen tödliche Erwärmung des Meeres bewirken.

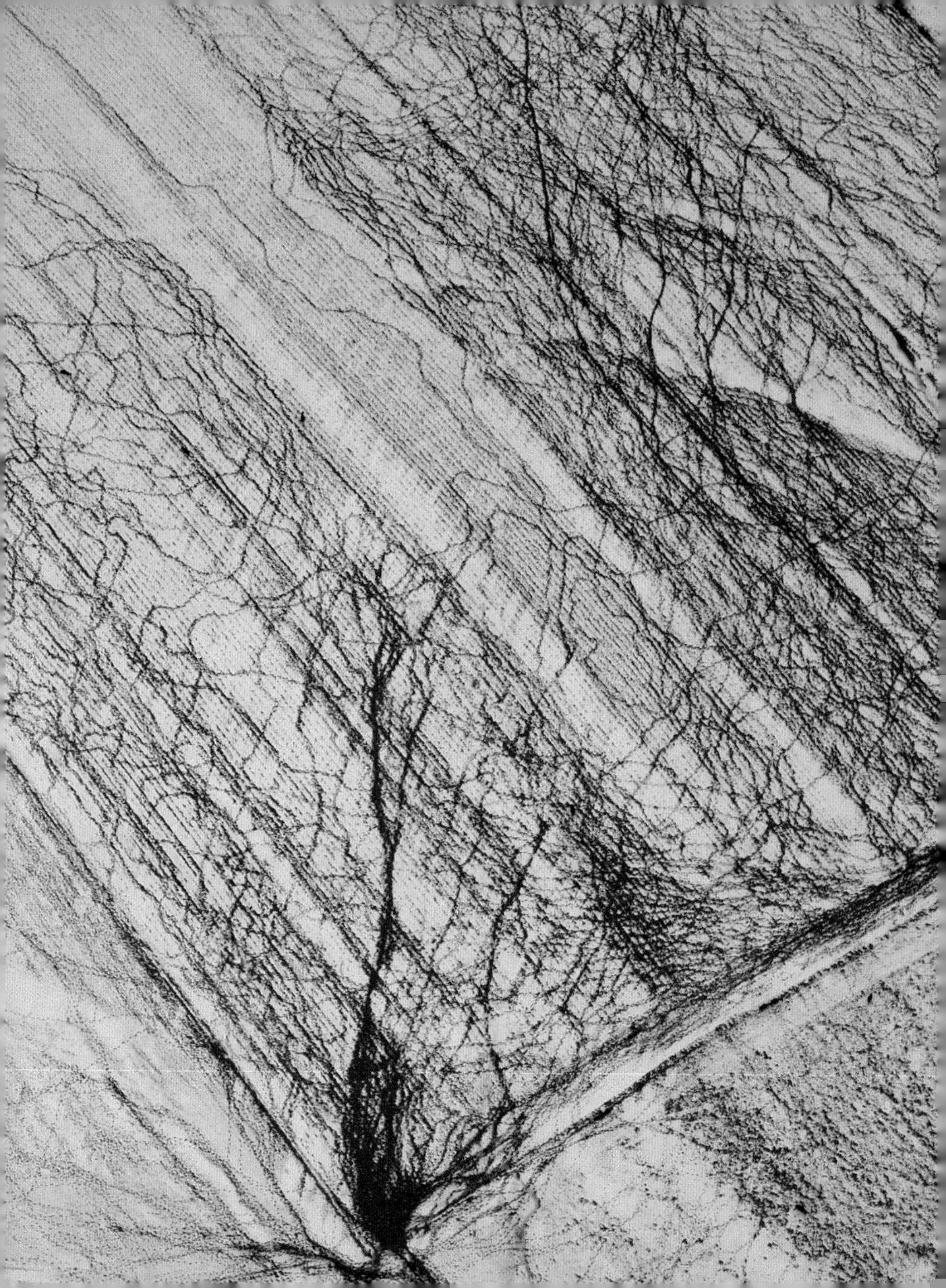

126

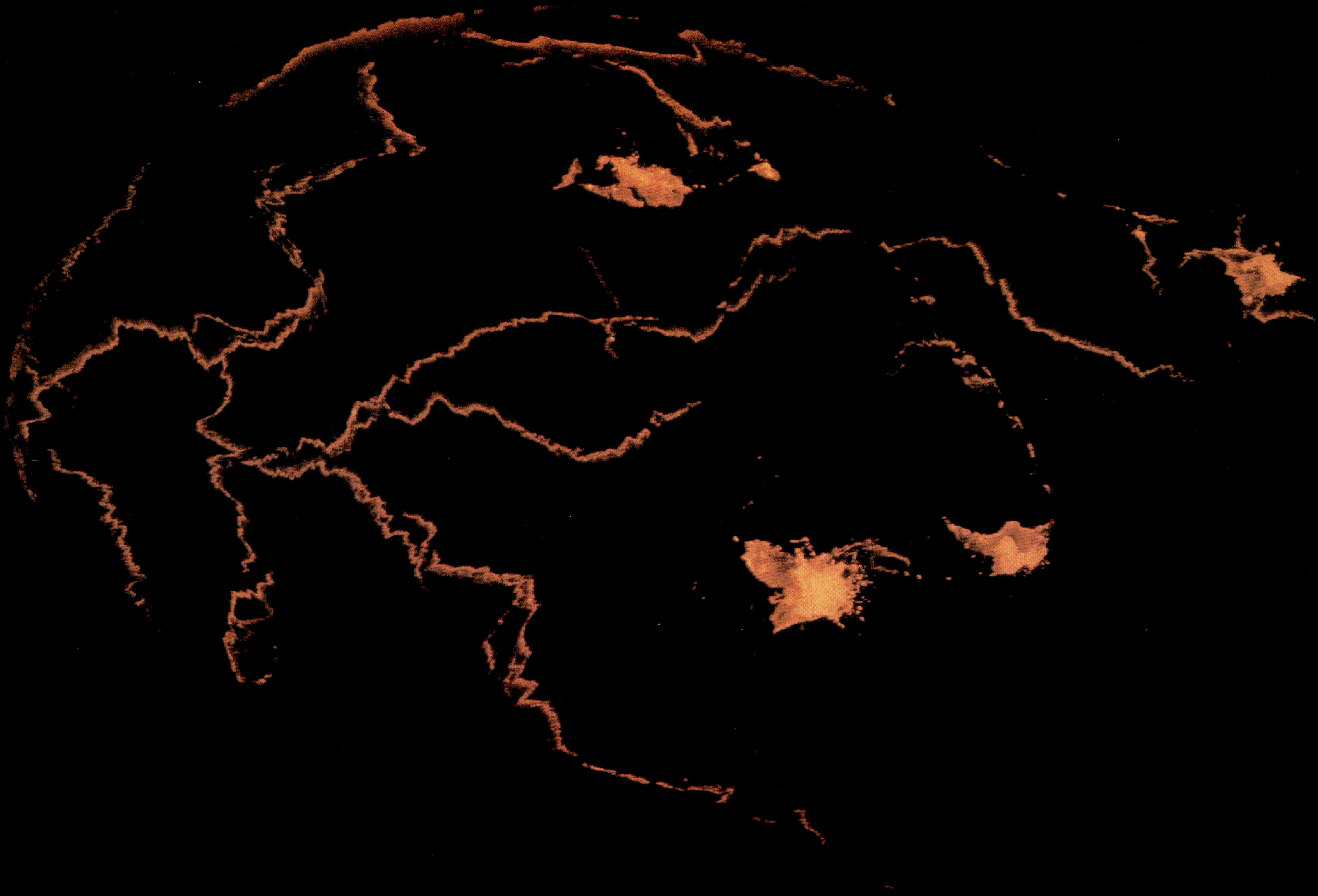

122
Eis auf dem Michigansee, USA. Den ästhetischen Eindruck dieses Bilds, namentlich seiner linken Hälfte, bestimmen Schollen mit nach oben gewölbten Rändern. Sie gleichen Seerosen oder – vielleicht ein angemessenerer, weil kühlerer Vergleich – gigantischen Eisblumen. Diese Eisschalen sind ebenso reizvoll wie rätselhaft – selbst für den Fachmann. Anscheinend sitzen sie glasklarem Eis auf, das man beim gewohnten Wellenschlag des Großen Sees kaum erwarten würde. Im zeitlichen Ablauf der Eisbildung gehen sie zweifellos den Veränderungen der Eisdecke voraus, die auf der rechten Bildhälfte ablesbar sind: einem Bruch mit nachträglicher Überflutung und Neugefrieren – er erscheint als milchiger Mäander – sowie den Eisaufschiebungen mit Schneewehen. Das Bild verrät nicht, wie die Eisschalen gebildet wurden. Wenigstens die Spaltenbildung könnte auf menschlichen Eingriff zurückgehen. Im rekordkalten Februar 1977 wurden Versorgungsschiffe, darunter auch ein Öltanker, auf dem Michigansee Gefangene des Eises; Eisbrecher bahnten ihnen eine Fahrrinne.

123
Salzgarten bei Walvis Bay, einer Exklave der Republik Südafrika in Namibia. In einem Endbecken der Verdunstungsanlagen zur Kochsalzerzeugung bleicht die Sonne das auskristallisierte Salz; die Bakterien, die das Salz röten (dazu auch Bild 24), sterben langsam ab.

124
Feld mit Kalifornischem Mohn *(Eschscholzia californica)* bei Lompoc, Kalifornien/USA. Die durchgescheuerten Stellen des Blumenteppichs gehen wahrscheinlich zurück auf zeitweiliges Versagen der Sämaschine. Sie könnten allerdings auch Zeichen der Bodenerosion sein: der Wind blies das Saatgut weg oder erstickte es mit angewehtem Boden. Mohnsamen werden wenig tief gepflanzt.
Die Blumen verwelken auf dem Acker, Maschinen ernten die Samenkapseln. Lompocs lange, regenlose Sommer schaffen für die Ernte ideale Bedingungen; das Tal erzeugt daher über die Hälfte des Weltbedarfs an Saatgut für Gartenblumen. Die zu einem Häubchen verwachsenen Kelchblätter, und vielleicht auch der Umstand, daß die Blüten sich spät öffnen und früh schließen, haben der kalifornischen Eschscholtzie den Spitznamen «Schlafmützchen» eingetragen. Trotzdem hat sie es, wenigstens eine safrangelbe Varietät, der Goldmohn, zu amtlichen Ehren gebracht: sie ist die offiziell erkürte Blume des *Golden State*, die Staatsblume Kaliforniens.

125
Spuren im Schnee, bei Rochester, Minnesota/USA. Vieh hinterließ nach einem Schneefall diese Trampelpfade auf einem Maisfeld. Die Spuren verdichten sich beim Eingang in das umzäunte Feld. Abgehärtete Hereford-Rinder verbringen sogar die klirrenden Winter Minnesotas im Freien.

126
Magmasee im großen Krater des Erta Ale Vulkans, Äthiopien. Die feuerflüssige Lava bildet an der Luft eine dünne Haut. Wo diese zerreißt, glutet und gluckst die Hölle. Der Erta Ale in der Afarsenke ist, technisch gesprochen, ein in Bildung begriffener basaltischer Schildvulkan. Er ist einer von nur zwei Vulkanen auf der Erde mit einem ständigen Lavasee; dessen Durchmesser betrug zum Zeitpunkt der Aufnahme etwa fünfzig Meter. Eine andere Auszeichnung darf der Erta Ale sogar ganz für sich behalten, allerdings macht sie wohl nur den Vulkanologen und Geologen Eindruck: völlig einzigartig ist der Erta Ale als dauernd eruptionsaktiver Vulkan im Scheitelgraben eines (trocken gefallenen) Meeresrückens.

127
Am Rande des Maharlusees bei Schiras, Iran. Der Wasserspiegel ist gefallen; reife, und daher rötliche, Sole läuft an der tiefsten Stelle der Priele zusammen; im See hat das Salz auskristallisiert.
Nun ja: «See» ist vielleicht für diese Pfütze im iranischen Herzland ein gar großspuriges Wort. Zwar treiben sie die Winterregen auf zweimal die Oberfläche des Zürichsees auseinander, aber tiefer als 80 Zentimeter ist sie zu keiner Zeit und an keiner Stelle. Sie beginnt im Juni zu schrumpfen. Dann saugen die Luftschichten über der Hochebene wie ein Löschblatt alles Feuchte auf. Die Lufttrockenheit, unterstützt vom Wind, entwickelt einen Durst von saharischer Gier: bis zu vierzig Zentimeter Wasser kann sie pro Monat dem See entreißen. Mit dieser Schrumpfung (und der sie begleitenden Steigerung des Salzgehaltes auf das Zehnfache der Meeressalinität) beginnt die hohe Zeit des Salzmachers. Dem See werden zur Zeit jährlich 100 000 Tonnen Kochsalz entnommen. Ehe aber in der heißen Jahreszeit die Sonne den See ganz leersaugen kann, beginnen aus noch nicht verstandenen Gründen unterirdische Solquellen zu schütten. Sie gleichen zunächst die Verdunstungsverluste aus, später übertreffen sie diese sogar: noch vor den ersten Niederschlägen kriecht der Maharlusee plötzlich wieder an seinen Ufern hoch.

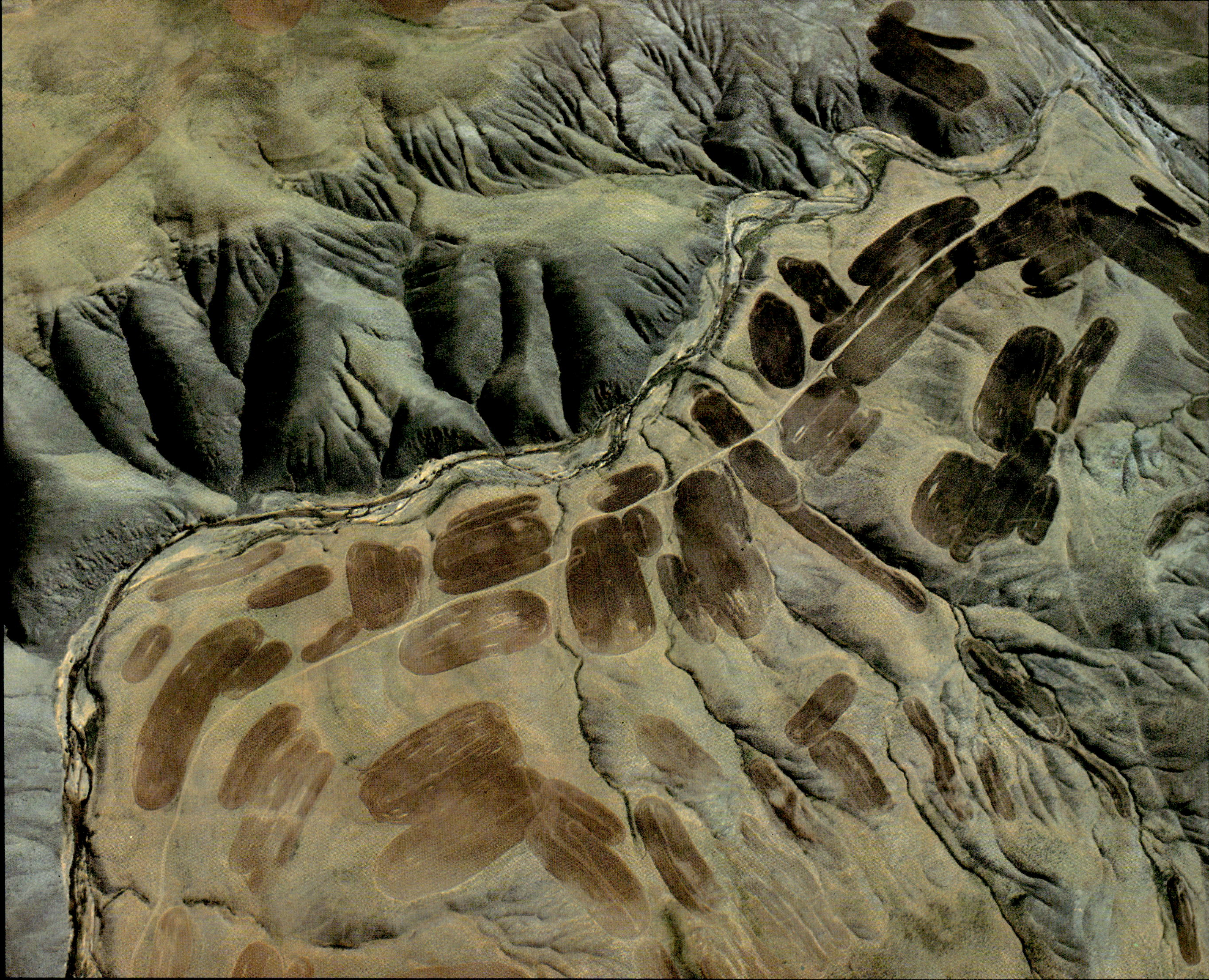

128
Baum- und Grasinseln in einem Acker bei Dubbo, New South Wales/ Australien. Soll man den Bauer dafür loben, daß er wenigstens einige, soll man ihn schelten, daß er so wenige Bäume übrig gelassen hat? Die Eukalypten sind letzte Reste eines vormals geschlossenen hartlaubigen Trockenwalds im heutigen Weizengürtel von New South Wales. In dem Gedicht «An die Nachgeborenen» klagte Bert Brecht: «Was sind das für Zeiten, wo/Ein Gespräch über Bäume fast ein Verbrechen ist./Weil es ein Schweigen über so viele Untaten einschließt.» Die Nachgeborenen, nur zwei Generationen später, wollen zwar über Untaten und Unrecht nicht schweigen, aber sie sind grüner – wenn auch nicht unbedingt weiser – geworden. Jetzt sind Zeiten, in denen es fast ein Verbrechen ist, nicht über Bäume zu reden.

129
Erbsenfeld in den Lößhügeln des Palouse-Gebiets, Washington/USA. Die Sprenkelung des Bilds rührt vom unterschiedlichen Reifegrad der Erbsen und von der Asche her, die der Wind nach dem Ausbruch des Mount St. Helens im Mai 1980 wie Schnee verdriftete. Der explodierende Vulkan jagte zwei Kubikkilometer Asche in die Luft. Unter den Aschenablagerungen kommen stellenweise die Erbsen nicht auf – vor allem dort nicht, wo der Oberboden von der Wassererosion schon bis auf den lehmigen Untergrund durchgescheuert ist.
Das *Palouse Country* – das südöstliche Washington, mit angrenzenden Gebieten Oregons und Idahos – ist erosionsgeplagt und -gefährdet wie kaum eine andere nordamerikanische Agrarlandschaft; Palouse-Bauern, die nicht mit Streifenanbau, Fruchtwechsel und Konturpflügen Wind und Wasser wehren (Bild 105), verlieren je Jahr und Hektar bis zu 350 Tonnen Oberboden. Daß die furchtbare Lößdecke des Palouse-Gebiets selber ein Erzeugnis vorzeitlicher Bodenverschleppung durch den Wind ist, muß angemerkt werden – weniger als Trost denn als Ironie.

130

Papyrus-Inseln in einem Flachsee am Oberlauf des Zaire-Stroms, Zaire. In der Upemba Senke am Zaire breitet sich einer von Afrikas letzten zusammenhängenden Papyrus-Sümpfen aus. Ein Großteil des Bestandes macht zeitweilig mobil: auf einem Dutzend Flachseen driften bei Hochwasser die Papyrus-Matten mit Wind und Wellen; in der Trokkenheit gehen sie wieder vor Anker. Papyrus-Stauden sind Champions pflanzlicher Produktivität: an optimalen Standorten bringen sie je Hektar einen Ernteertrag von 32 Tonnen Biomasse. Diese Masse wächst nach dem Schneiden der Stengel innert Jahresfrist nach. Der Papyrus ist wie Zuckerrohr oder Mais eine sogenannte C4-Pflanze: deren photosynthetische Nettoleistung liegt wegen verminderter oder unterdrückter Lichtatmung ungewöhnlich hoch. Papyrus-Wurzeln beherbergen zudem in Form von stickstoffbindenden Kleinstlebewesen ihre eigene natürliche Düngerfabrik. In Rwanda wird zur Zeit das Brikettieren von luftgetrocknetem und gehäckseltem Papyrus erprobt, als Beitrag zur Lösung der Brennstoffkrise in Afrika. In Rwanda rühmen die Experten die Briketts auch dafür, daß sie fast rauch- und aschenlos verbrennen. Jedoch sagen die Luba-Fischer, die jedes Jahr einige Monate auf den schwimmenden Papyrus-Inseln am Zaire wohnen, dem Rauch gerade der Papyrus-Feuer eine gesteigerte mückenvertreibende Wirkung nach – weniger ist also vielleicht doch nicht so viel mehr.

131

Tangwald vor dem Point Conception, Kalifornien/USA. Braunalgen, «Kelp» genannt, treten vor vielen Küsten der Erde zu eigentlichen Unterwasserwäldern zusammen. Luftgefüllte Schwimmblasen halten die Riesentange aufrecht; mit Saugnäpfen und Krallen klammern sich die Pflanzen an der steinigen Unterlage fest: eher zertrümmert der Wellenschlag den Fels, als daß er den Griff der Algen löste. Die großen Brauntange verkörpern unter dem Gesichtspunkt ihres Aufbaus die höchste Organisationsstufe unter den Algen: sie haben echte Gewebe (Parenchyme) wie die höheren Pflanzen. Unter ihnen finden sich Weltrekordler – die größten bekannten Wasserpflanzen. Gerüchte raunen von bis zu 300 Meter langen Exemplaren; nachprüfbare Messungen kamen immerhin auf die Maximallänge von 65 Metern.
Braunalgen sind Nutzpflanzen der ersten Ordnung. Kelp wird gegessen und verfüttert. Kelp ergibt hochwertigen Dünger. Kelp kann zur Biogaserzeugung vergoren werden. Aus Kelp werden Jod und Soda extrahiert. Vor allem aber liefert Kelp Alginsäuren, die in der Textil-, Papier-, Nahrungsmittel- und Kosmetikindustrie sowie in der Medizintechnik und Pharmazeutik einen festen Platz haben.

132

Äcker bei Sanandaj, Provinz Kurdistan/Iran. Das Urteil nicht-kurdischer Iraner über diese Form des Feldbaus, der außerhalb Kurdistans nirgendwo vorkommt, ist unwirsch: «Schludrig, irrational – wie nun einmal die Kurden sind.» Urteil – oder doch nur Vorurteil? Zumindest unter landtechnischen, aber vielleicht auch unter ökologischen Gesichtspunkten hat die «schöne Schlamperei» einiges für sich. Der Traktor mit gezogenem Gerät vermindert die Manövrierfähigkeit des Bauern erheblich (im Gegensatz zum aufgesattelten Gerät und schon gar im Gegensatz zum hergebrachten Tiergespann). Also macht er aus der Not eine Tugend und wählt für seinen Acker die Form eines Kreises oder Ovals. Er pflügt von innen nach außen in einem Zug ohne zeitraubende Wendungen – der Pflug ist ständig im Einsatz, die Arbeitsleistung erhöht sich beträchtlich. Die Ungunst des Klimas macht hier ohnedies Mißjahre zur Regel; ein gutes Erntejahr ist so gut wie das große Los. Um den Einsatz in dieser Anbaulotterie niedrig zu halten, schaffen die Bauern mit möglichst kleinem Aufwand möglichst große (potentielle) Ernteflächen. Auf dem Bild erscheinen zudem Felder des Vorjahres, die jetzt unbestellt sind; offenbar befolgen die Bauern einen Fruchtwechsel.

133

Binsenernte in einem Küstensumpf bei Supe, Peru. Die geschnittenen Binsen lagern halbmondförmig zum Trocknen. Sie werden hauptsächlich zu Matten verarbeitet. Inselhaft hat sich an einigen Stellen der peruanischen Nordküste auch der Bau von Binsenbooten zum Fisch- und Krabbenfang in Ufernähe erhalten. Die Binsenboote sind als *caballitos*, «Pferdchen», bekannt – in Übereinstimmung mit dem Reitersitz des Fischers bei Arbeiten, die festen Halt erfordern, etwa beim Einziehen des Netzes. Die Darstellung solcher «Pferdchen» und ihrer Paddler findet sich häufig auf Mochica- und Chimu-Keramik. Es scheint sogar so etwas wie eine altindianische, mit Binsenbooten ausgerüstete Marineinfanterie gegeben zu haben: ein Gefäß der Viru-Kultur hat die Form eines sein «Pferdchen» reitenden Kriegers mit Keule und Schild.

VERZEICHNIS DER BILDER

20
Reisbau bei Semarang auf Mitteljava, Indonesien.

21
Zitruspflanzungen bei Morphou, Zypern.

22
Bewässerte Felder bei Yazd, Iran.

23
Feldermosaik bei Bushehr am Persischen Golf, Iran.

24
Salzgärten auf dem Magadisee, Kenia.

25
Flamingos auf dem Bogoriasee, Kenia.

26
Feldermosaik in Lasta, Wollo, Äthiopien.

27
Sektorenweide und Ölfeld bei Wink, Texas/USA.

28
Ananaspflanzung auf Lanai, Hawaii/USA.

29
Salzernte in der Bucht von San Francisco, Kalifornien/USA.

30
Gehöft bei Badajoz, Extremadura/Spanien.

31
Anbauschüssel in dem «Souf» genannten Oasengebiet der Sahara, Algerien.

32
Nist- und Brutinseln für Wasservögel in der Germantown Marsh bei Moncton, New Brunswick/Kanada.

33
Neuf-Brisach im Departement Haut-Rhin, Frankreich.

34
Farm bei Palouse, Washington/USA.

35
Mangrove im Nigerdelta, Nigeria.

36
Bewässerte Weizenfelder bei der Stadt Hamadan, Iran.

37
Wanderdünen in der Atacama-Wüste, Chile.

38
Waldsee im Banff Nationalpark, Alberta/Kanada.

39
Der Irrgarten von Longleat House, Grafschaft Wiltshire/England.

40
Frau Lisa im Gras, bei Alamo, Kalifornien/USA.

41
Schnittreifer Weizen bei Lewiston, Idaho/USA.

42
Spiral Jetty von Robert Smithson im Grossen Salzsee, Utah/USA.

43
Streifenanbau auf der Höhenlinie bei Canton, Ohio/USA.

44
Der Riese von Cerro Unitas in der Atacama-Wüste, Chile.

45
Das Weisse Pferd von Uffington, Grafschaft Berkshire/England.

46
Von Christo umkränzte Insel in der Biscayne Bay, Florida/USA.

47
Anak Krakatoa in der Sundastrasse, Indonesien.

48
Gosses Bluff bei Alice Springs, Australien.

49
Williamson Reef im Lau Archipel, Fidschi.

50
Sandfahne hinter einem Cay auf der Grossen Bahamabank, Commonwealth der Bahamas.

51
Flugsand bei Pisco, Peru.

52
Hochspannungsmast und Ipé-Baum auf einem Acker bei Piracicaba, São Paulo/Brasilien.

53
Urwaldstrasse in Mato Grosso, Brasilien.

54
Felderviereck bei Dubbo, New South Wales/Australien.

55
Der Zendan-i Suleiman («Gefängnis Salomos») in einem Hochtal der Provinz Aserbeidschan, Iran.

56
Volleyball- und Basketballspieler einer Highschool bei Santa Barbara, Kalifornien/USA.

57
Heissluftballons vor einem Massenstart in Albuquerque, New Mexico/USA.

58
Herbstwald bei St. Johnsbury, Vermont/USA.

59
Der Friedhof der Stadt Portsmouth in New Hampshire/USA.

60
Blühende Kirschbäume bei Benton Harbor, Michigan/USA.

61
Streudorf zwischen Natronsee und Serengeti, Tansania.

62
Das Dorf Labbézanga auf einer Insel im Niger, Mali.

63
Salzpfannen bei Foundiougne, Senegal.

64
Fischfallen in der Laguna de Bay auf Luzon, Philippinen.

65
Die Bingham Canyon Mine, Utah/USA.

66
Footballspiel in Pasadena, Kalifornien/USA.

67
Das wikingische Standlager Trelleborg bei Slagelse auf Seeland, Dänemark.

68
Sommerhäuser in Brøndbyvester, Dänemark.

69
Die Verdunstungsspirale El Caracol («die Schnecke») bei Mexico City, Mexiko.

70
Solar One, das weltgrößte Sonnenturmkraftwerk, in der Mohave-Wüste bei Barstow, Kalifornien/USA.

71
Trichtergarten bei Timbuktu, Mali.

72
Kreisberegner bei Yuma, Arizona/USA.

73
Stadt und Insel Mexcaltitán, Nayarit/Mexiko.

74
Qualeh-i Gird («runde Festung») in der Sistan-Wüste, Iran.

75
Der Stern von Ensérune, Departement Hérault/Frankreich.

76
Der Moschav Nahalal, Israel.

77
Kayar nördlich von Cap Vert, Senegal.

78
Langläufer am Engadiner Skimarathon, Schweiz.

79
Karawane in der Provinz Kerman, Iran.

80
Brückenbaustelle bei Santa Barbara, Kalifornien/USA.

81
Autoverladeplatz an der Maas bei Waulsort, Belgien.

82
Zwei Arten des Wohnens in Longleat, Grafschaft Wiltshire/England.

83
Die Achterbahn Colossus im Vergnügungspark Magic Mountain bei Los Angeles, Kalifornien/USA.

84
Der Hafen Kali Baru bei Jakarta, Indonesien.

85
Das Wrack der «Eduard Bohlen» an der Diamantenküste, Namibia.

86
Die Dachlandschaft der Stiftskirche von Maria-Einsiedeln, Schweiz.

87
Grosstankerbau in Nagasaki, Japan.

88
Die Altstadt von Bern, Schweiz.

89
Die Altstadt von Fès, Marokko.

90
Der Bagh-i Shah («Garten des Königs») bei Mahan in der Provinz Kerman, Iran.

91
Zuckerrohrpflanzungen am Fuss des Haleakala, Maui, Hawaii/USA.

92
Sortieren von Baumstämmen auf dem Coeur d'Alene See, Idaho/USA.

93
Cranberry-Ernte bei Plymouth, Massachusetts/USA.

94
Bambusflösse mit Perlmuscheln in der Ago Bucht auf Honshu, Japan.

95
Fischzucht bei Losari auf Java, Indonesien.

96
Ackerbau bei Dubbo, New South Wales/Australien.

97
Bewässerter Baumwollanbau bei Dubbo, New South Wales/Australien.

98
Agrarlandschaft bei Scottsbluff, Nebraska/USA.

99
Muster der Ernte in der Pampa, Argentinien.

100
Erbsenernte im Palouse-Gebiet, Washington/USA.

101
Heuernte bei Sheridan, Wyoming/USA.

102
Erntezeit für ein Linsenfeld in den Palouse Hügeln, Washington/USA.

103
Abwehrkampf gegen die Winderosion auf einem Feld bei Wichita, Kansas/USA.

104
Abwehr der Winderosion auf einem Baumwollfeld bei Lubbock, Texas/USA.

105
Farm bei Pomeroy, Washington/USA.

106
Äcker und Weiden im Hochland von Aserbeidschan, Iran

107
Eukalyptuspflanzung bei Belo Horizonte, Minas Gerais/Brasilien.

108
Spuren alter Holzbringung im Sumpfzypressenwald des Atchafalayadelta, Louisiana/USA.

109
Teepflanzungen in der Präfektur Shizuoka auf Honshu, Japan.

110
Dünen und Tonpfannen von Sossusvlei, Namibia.

111
Winterweizen nach der Ernte bei Salt Lake City, Utah/USA.

112
Erdbeerpflanzung bei Carlsbad, Kalifornien/USA.

113
Der Turm von Babylon, Irak, im Ruinengelände der Stadt.

114
Kalligraphie einer Planierraupe, Florida/USA.

115
Die Vegetationsschlange der Quebrada de Camiña in der Atacama-Wüste, Chile.

116
Erosionslandschaft im Hinterland von Bandar Abbas am Persischen Golf, Iran.

117
Abflussmuster im Salzschlamm des Natronsees, Tansania.

118
Schmelzwassertümpel auf dem Langen Gletscher (Langjökull), Island.

119
Die Grand Prismatic genannte Quelle im Yellowstone Nationalpark, Wyoming/USA.

120
Abflussmuster in der Tiefebene zwischen Euphrat und Tigris, Irak.

121
Korallenbauten im Duff Reef, Lau Archipel, Fidschi.

122
Eis auf dem Michigansee, USA.

123
Salzgarten bei Walvis Bay, einer Exklave der Republik Südafrika in Namibia.

124
Feld mit Kalifornischem Mohn bei Lompoc, Kalifornien/USA.

125
Spuren im Schnee, bei Rochester, Minnesota/USA.

126
Magmasee im grossen Krater des Erta Ale Vulkans, Äthiopien.

127
Am Rande das Maharlusees bei Schiras, Iran.

128
Baum- und Grasinseln in einem Acker bei Dubbo, New South Wales/Australien.

129
Erbsenfeld in den Lösshügeln des Palouse-Gebiets, Washington/USA.

130
Papyrus-Inseln in einem Flachsee am Oberlauf des Zaire-Stroms, Zaire.

131
Tangwald vor dem Point Conception, Kalifornien/USA.

132
Acker bei Sanandaj, Provinz Kurdistan/Iran.

133
Binsenernte in einem Küstensumpf bei Supe, Peru.

NACHWEISE

Die Fotos

Das Buch schöpft aus Bildmaterial, das in 74 Ländern und Territorien der Erde bei Flügen in kleinen Chartermaschinen von zusammen fast dreitausend Stunden Dauer anfiel. Die Auswahl zu diesem Buch nahm allerdings auf den Fundort der Bilder keine Rücksicht, geographische oder Länder-Vielfalt wurde nicht angestrebt. Auch so sind noch 36 Länder und alle dauernd bewohnten Erdteile vertreten.

Alle gezeigten Bilder sind ungefilterte Kleinbildaufnahmen auf Kodachrome-Farbfilm. Als Reprovorlagen dienten, soweit nicht bereits Lithofilme vorhanden waren, Masterduplikate der Firma Color Copira, Maur/ZH. Ich benützte ausschließlich Nikon-Kameras und Nikon-Objektive. Für Einzelheiten ihres Einsatzes in der Flugbildfotografie verweise ich auf das Einführungskapitel «Fundsachen».

Dank

Ich danke voran, und mit Nachdruck, der Swissair, namentlich deren ehemaligem Werbechef Albert Diener (jetzt Leiter der Abteilung Corporate Identity) und Art Director Fritz Girardin. Wie schon im Falle meiner früher publizierten Flugbildbücher danke ich für mehr als nur Aufträge; Ansporn und Ermutigung kamen vor allem aus der geteilten Überzeugung, daß Schönheit aus dem Blauen nicht unverbindlich sein muß, daß Flugbilder in zeitgemäßer Form zu der Selbsterfahrung des Menschen beitragen.

Ich schließe wiederum in diesen Dank den Fotografen Emil Schulthess ein: als Gestalter einer Reihe von Flugbild-Plakaten und Flugbild-Kalendern, denen meine Aufnahmen zugrundelagen, bestimmte er von Anfang an Richtung und Ziel meiner Flugbildarbeit entscheidend mit.

Ich danke der National Geographic Society in Washington/DC. Die Gesellschaft ermöglichte mir weltweit Reisen, die das zur Auswahl stehende Bildmaterial gewaltig bereicherten. Jüngst erlaubte sie mir, mit zweihundert Flugstunden über US-amerikanischen Agrarlandschaften meinem Steckenpferd zu frönen: den Bauern als Künstler wider Willen zu feiern.

Ich danke meiner Frau Anita. Sie half bei der Zusammenstellung der Bilder mit. Einige besonders griffige, und wohl auch pfiffige, Bildpaare sind ihr Werk.

Ich danke allen, die mir bei der Vorbereitung, Durchführung und Auswertung von Flügen beistanden. Ich habe mich stets für genaue Bildbeschreibungen eingesetzt; wenn ich schon beim Lavieren zwischen der Klippe der Un- und der Klippe der Übergenauigkeit Schiffbruch erleiden soll, dann scheitere ich allemal lieber an derjenigen der Pedanterie. Auskunft über ein Bild ist oft so gut wie der Faden der Ariadne, der aus dem Labyrinth rettet; bei Gelegenheit hat mir die Auskunft zu einer Fundsache größere Befriedigung verschafft als die Fundsache selber. Ich schicke das voraus, um meinem Dank an Auskunftspersonen das richtige Gewicht zu geben. Wiederum durfte ich bei der Entschlüsselung der Zeichensprache der amerikanischen Agrarlandschaft auf die Hilfe des Soil Conservation Service zählen, einer Behörde des amerikanischen Landwirtschaftsministeriums. Großzügig stellten mir Zeit und Wissen zur Verfügung: Eugene Andreuccetti, Davis/Kalifornien; Byron E. Chase, Lewiston/Idaho; Billy C. Griffin, Temple/Texas; Homer R. Hilner, East Lansing/Michigan; G. Wade Hurt, Gaines-ville/Florida; Kenneth D. Kaul, Rochester/Minnesota; Robert K. Kissler, Columbus/Ohio; Greg Sokora, Lubbock/Texas. Für Aufklärung, für Erhellung danke ich außerdem namentlich Juergen Barth, Sydney/Australien; Helga Besler, Stuttgart/BRD; Joyce S. Diamanti, Kalkutta/Indien; Phil Dreisbach, Coeur d'Alene, Idaho/USA; Rob Harding, Banff/Kanada; Edwin Höhn, Tänikon/Schweiz; David E. Hughes, Eastbourne/England; Tony Kaye, Magadi/Kenia; Julian Klug, Jakarta/Indonesien; Alain Kupferman, Jakarta/Indonesien; Margarita Marino de Botero, Bogotá/Kolumbien; Keith Mc Aloney, Amherst, Nova Scotia/Kanada; Naomi Nero, Herzlia/Israel; Oscar H. Orejuela M., Bogotá/Kolumbien; Hans Röthlisberger, Ürikon/Schweiz; Walter A. Schmid, Zürich/Schweiz; Mary Seely, Gobabeb/Namibia; Tom Sterling, Kamloops, B.C./Kanada; Max Ziegler, Luterbach/Schweiz.

Soweit ich Bilder aus den Flugbildbänden DER MENSCH AUF SEINER ERDE und BROT UND SALZ wiederverwendet habe, gilt natürlich der dannzumal ausgesprochene Dank ungemindert. Die zugehörigen Legenden wurden, wo notwendig, überarbeitet und auf den neusten Stand des Wissens gebracht.